Funktionen und graphische Darstellungen für den neueren Arithmetikunterricht

Von

W. Wittmann
Seminaroberlehrer in Backnang

Mit 81 Figuren

Berlin und Leipzig
G. J. Göschen'sche Verlagshandlung G. m. b. H.
1912

Druck von E. Haberland, Leipzig-R.

Inhalt.

Vorwort.

Der neue Lehrplan für unsere Lehrerseminarien in Württemberg bringt in der Arithmetik neben einem höheren Endziel auch eine andere Art der Behandlung, die am besten durch die zwei vorgesetzten Begriffe gekennzeichnet ist: Funktion und graphische Darstellung. Mit dem Jahrgang, der 1911 eingetreten ist, kann dieser Plan von unten an durchgeführt werden; bei den älteren Klassen gilt es, das Neue in ergänzender Weise nachzuholen und dem Alten einzufügen. In dieser Arbeit entstand das vorliegende Schriftchen. Ich denke nun, daß auch mancher Lehrer draußen, der sich früher gerne mit Arithmetik beschäftigte, die neue Art kennen lernen möchte. Durch umfangreiche Lehrbücher sich hindurchzuarbeiten, ist aber vielen nicht möglich. Ihnen kann dieses Werkchen in Kürze und leicht verständlich einen Einblick in die graphische Methode verschaffen. Überall ist die Kenntnis des seitherigen Pensums vorausgesetzt; überall sind Fäden von der seitherigen zur neuen Art gezogen; es wird daher jedem nach der Durcharbeitung des hier Gebotenen möglich sein, alte Lehrbücher unter diesen neuen Gesichtspunkten zu betrachten und das dortige Übungsmaterial im Sinne der graphischen Methode zu benützen, weswegen auch hier in der Hauptsache von gestellten Übungen abgesehen wurde. Dabei ist natürlich nicht gemeint, daß sämtliche Aufgaben jetzt graphisch gelöst werden müßten; viele eignen sich hiezu nicht, sondern die graphische Methode soll an geeigneten Stellen statt oder neben der arithmetischen Lösungsart einsetzen, wodurch manche Lösung veranschaulicht, verallgemeinert und einem tieferen Verständnis zugänglich gemacht wird. — Wer sich noch mehr mit der Sache befassen will, dem empfehle ich die vorzügliche Aufgabensammlung von Junker und die ausführlichen Werke von Behrendsen-Götting, aus welchen Büchern ich reiche Anregung erhalten habe. — In einem Anhang soll gezeigt werden, wie dem Prinzip der Anschauung auch dadurch gedient wird, daß man die Schüler immer wieder veranlaßt, Maße nicht gedankenlos zu nennen, sondern sich dabei etwas vorzustellen.

§ 1. Funktion und Spezies.

I. Addition und Subtraktion.

$$\begin{aligned} \text{a) } s &= 4 + 1 = 5 \\ s_1 &= 4 + 2 = 6 \\ s_2 &= 4 + 3 = 7 \\ &\text{usf.} \end{aligned}$$

Bei gleichbleibendem Posten 4 wächst die Summe s wie der zweite veränderliche Posten. Eine solche veränderliche von einem veränderlichen Werte x abhängige Größe nennt man eine „Funktion" von x. Die Summe ist also eine Funktion des Postens. Bezeichnen wir sie in der üblichen Weise mit y, den veränderlichen Posten mit x und den konstanten mit a, so erhalten wir die Funktionsformel $\mathbf{y = a + x}$.

$$\begin{aligned} \text{b) } d &= 20 - 1 = 19 \\ d_1 &= 20 - 2 = 18 \\ d_2 &= 20 - 3 = 17 \\ &\text{usf.} \end{aligned}$$

Die Differenz nimmt bei gleichbleibendem Minuenden ab wie der Subtrahend zunimmt, sie ist eine Funktion des Subtrahenden:

$$\mathbf{y = a - x.}$$

Diese Funktion ist fallend, während die unter a eine steigende darstellt. Analog läßt sich die Differenz auch als Funktion des Minuenden herausstellen: $\mathbf{y = x - a}$, wodurch wieder eine steigende Funktion entsteht.

c) Übungen:

1. Es soll die Summe zweier Dreieckswinkel als Funktion des dritten veränderlichen Winkels ausgedrückt werden.
2. Ebenso der Winkel an der Spitze eines gleichschenkligen Dreiecks als Funktion des Basiswinkels.
3. Wie gestaltet sich die Umkehrung?
4. Wenn das Wasser morgens 6 Uhr 70 cm hoch steht und in jeder Stunde um 1 cm steigt, wie hoch steht es um 12 Uhr, nachmittags 5 Uhr? Welche Funktion läßt sich herausstellen?

5. Das Barometer steht in Meereshöhe 760 mm hoch und fällt in je 10 m Höhe um 1 mm. Wie hoch steht es in 100, 350, 1800 m Höhe? Welche Funktion liegt zugrunde?

II. Multiplikation.

a) $p = 6 \cdot 3 = 18$
$p_1 = 6 \cdot 4 = 24$
$p_2 = 6 \cdot 5 = 30$
usf.

Das Produkt wächst wie der Faktor; es ist eine Funktion desselben: $y = ax$.

b) Übungen:

1) 1 m kostet 3,5 *M*. Was zahlt man für 5, 9, 11 usw. m? Der Gesamtpreis ist als Funktion des Einzelpreises festzustellen.

2) Es ist eine Aufgabe zu bilden und zu berechnen, in der der veränderliche Fahrpreis eine Funktion der Kilometerzahl ist.

3) $y = 19x$. Wenn y die Fahrstrecke und x die Sekundenzahl bedeutet, was stellt der konstante Faktor 19 dar? Welche anderen Aufgaben könnten aus der Funktion abgelesen werden?

4. Ein Rechteck mit den Seiten 5 und 4 soll 3, 5, 7mal größer werden. Wie ist das auszuführen? Welche Funktion läßt sich bilden? Was bedeuten die einzelnen Ausdrücke derselben?

III. Division.

a) $q = 8 : 1 = \frac{8}{1}$
$q_1 = 8 : 2 = 4$
$q_2 = 8 : 3 = \frac{8}{3}$
usf.

Der Quotient nimmt bei gleichbleibendem Dividenden ab wie der Divisor zunimmt; der Quotient ist eine Funktion des Divisors : $y = \frac{a}{x}$ (fallend).

b) $q = 1 : 4 = \frac{1}{4}$
$q_1 = 2 : 4 = \frac{1}{2}$
$q_2 = 3 : 4 = \frac{3}{4}$
usf.

Der Quotient wächst hier mit dem zunehmenden Dividenden; er ist eine Funktion desselben: $y = \frac{x}{a}$ (steigend).

c) Übungen:

1. 5 Geschwister erben zusammen 20000 *M*. Was erhält jedes? Was, wenn der elterliche Besitz 30000 *M*, 35000 *M* ausmacht?

Was bedeutet hier die Funktion $y = \frac{x}{a}$?

2. Eine Maschine sägt in der Stunde 10 Rm Holz. Wie lange braucht sie zu 1, 2, 3 . . Rm? Wie heißt die hergehörige Funktion?
3. Eine Lampe kostet 8 ℳ. Was muß jeder Zögling daran zahlen, wenn sie für 2, 3, 4 dienen soll? Was ist die Funktion?
4. Welche Veränderungen zeigen folgende Funktionen, wenn für x die Zahlen 1, 2, 3, 4 usw. gesetzt werden?

$$y = \frac{x+2}{3}, \qquad y = \frac{x-3}{5},$$

$$y = \frac{6}{x+4}, \qquad y = \frac{3}{5-x}.$$

§ 2. Koordinatensystem und graphische Darstellung linearer Funktionen.

N liegt 49° nördlicher Breite und 27° östlicher Länge. Durch diese beiden Angaben läßt sich die Lage des Orts genau bestimmen: wir gehen vom Nullmeridian 27° östlich und vom Äquator 49° nördlich, so ist N durch zwei geometrische Örter eindeutig bestimmt. Denken wir uns die Ebene durch zwei aufeinander senkrechte Gerade AB und CD in 4 Winkelräume oder Quadranten (I, II, III, IV — der Uhrzeigerrichtung entgegengesetzt) geteilt, so entspricht CD dem Meridian, AB dem Äquator, und wir können hier ebenso Punkte in den Winkelräumen der Lage nach genau bestimmen. Man pflegt hier CD die y-Achse, AB die x-Achse zu nennen, y nördlich und x östlich gilt als +, y südlich und x westlich als —.

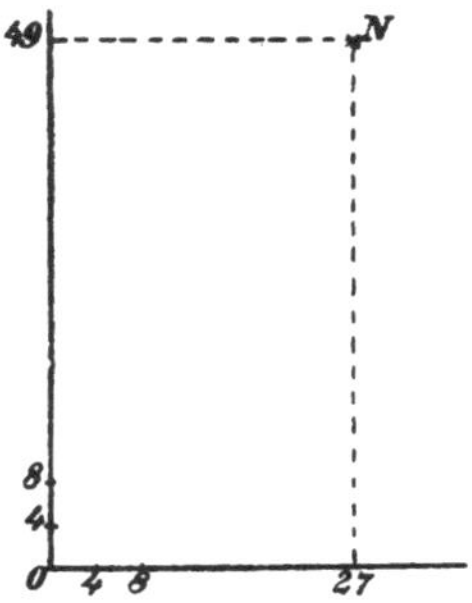

Fig. 1.

So gibt in Fig. 2 $x = 1$, $y = 2$ Punkt P in I
$x = -2$, $y = 3$ „ P^1 „ II
$x = -3$, $y = -4$ „ P^2 „ III
$x = 4$, $y = -2$ „ P^3 „ IV

Dabei wird die Entfernung eines Punktes von der y-Achse die Abszisse, jene von der x-Achse Ordinate und dementsprechend die y-Achse Ordinatenachse, die x-Achse Abszissenachse genannt, ihr Schnittpunkt heißt Ursprung des Koordinatensystems.

Anwendung findet dieses Koordinatensystem bei graphischen Darstellungen, wie solche z. B. in der Physik mannigfach benützt werden.

Wesentlich erleichtert werden die Konstruktionen durch Benützung von quadriertem oder Millimeterpapier. In Fig. 3 sind die mittleren Tagestemperaturen für November 1911 in Backnang verzeichnet, dabei sind die Tage auf der Abszissenachse als Plus, die Grade nach Celsius auf der Ordinatenachse (als Plus oder Minus) abgetragen und die dazugehörigen Punkte bestimmt, wodurch die verschiedenen Temperaturen in übersichtlicher Weise zur Darstellung kommen.

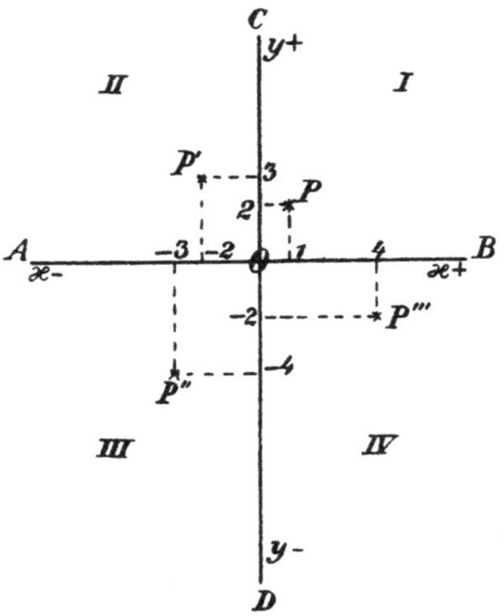

Fig. 2.

Wir benützen in der Folge das Koordinatensystem zur graphischen Darstellung von Funktionen, zunächst von denen in § 1 herausgestellten.

Nehmen wir die Funktion (§ 1, Ia) $y = a + x$ und denken uns der Einfachheit halber $a = 0$, so gilt $y = x$; ist $x = 0, 1, 2, 3$ usf., so hat y dieselben Werte und die Konstruktion der zugehörigen Punkte O P P_{I} P_{II} ergibt eine Linie als geometrisches Bild der Funktion $y = x$; jeder Punkt der Geraden entspricht der Forderung der Funktion, daß y der Ordinatenwert gleich x dem Abszissenwert ist. Nehmen wir die Werte negativ, so erhalten wir die Mediane im Quadranten III.

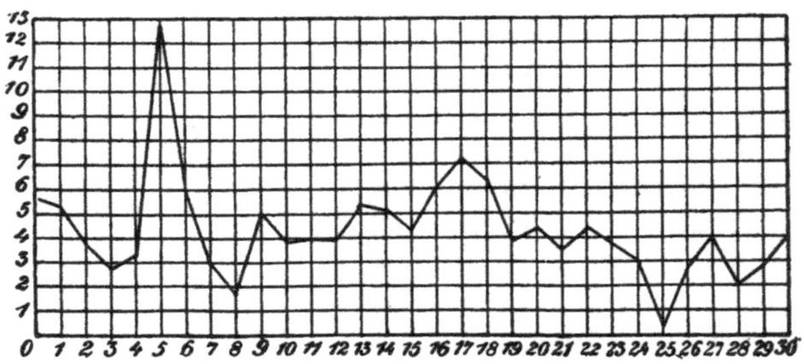

Fig. 3.

Geben wir der Funktion die Form $y = -x$ (§ 1, Ib, $a = 0$), so ist $y = 0, -1, -2, -3$, wenn $x = 0, 1, 2, 3$ ist und die graphische Lösung der Funktion gibt die 2. Mediane (in II und IV).

Wenn wir x einen Koeffizienten geben (§ 1, II), so bleibt die graphische

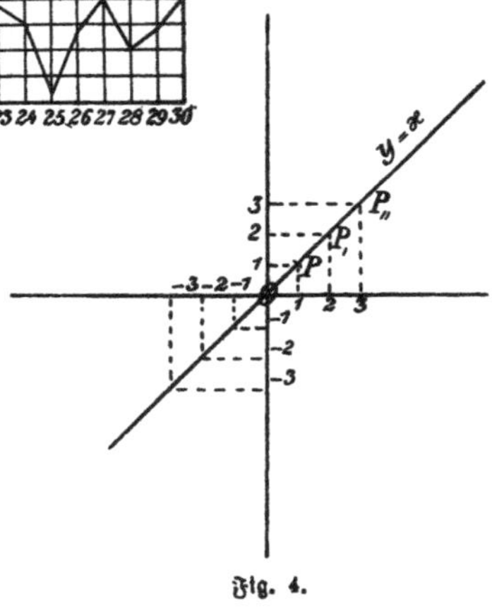

Fig. 4.

Darstellung der Funktion eine Gerade, die durch den Nullpunkt geht, ihr Steigungsverhältnis dagegen ändert sich, so ist in Fig. 6 durch I die Funktion $y = 2x$, durch II $y = \frac{5x}{6}$ dargestellt. $y = -\frac{5x}{6}$ ist in III wiedergegeben. Wir merken: Ist x positiv, so steigt die Ge-

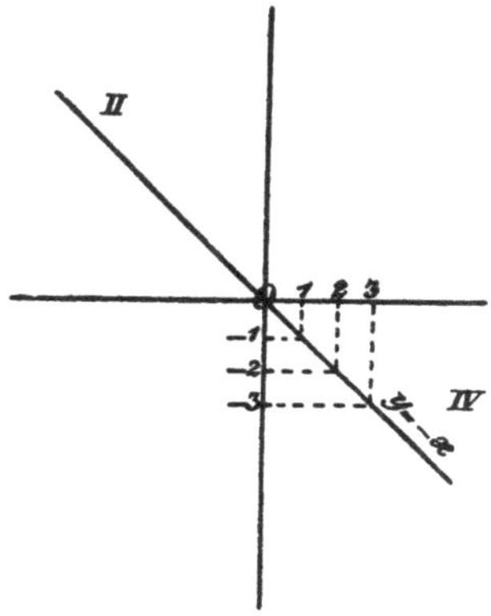

Fig. 5.

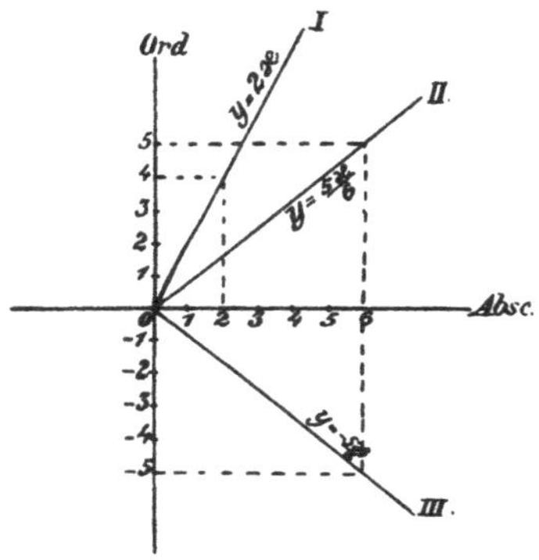

Fig. 6.

rade, bei negativem x fällt sie, der Koeffizient bei x gibt das Steigungsverhältnis, d. h. das Verhältnis von Ordinate zu Abszisse jedes Punktes der Funktionsgeraden. $y = x$, $1:1$; $y = 2x$, $2:1$; $y = \frac{5x}{6}$, $5:6$; $y = ax$, $a:1$ usw.

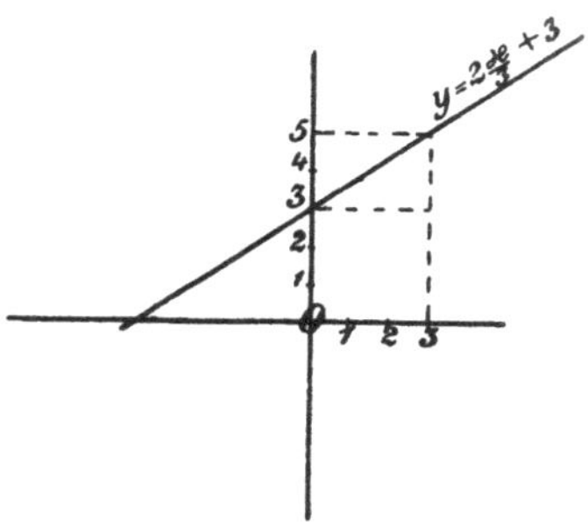

Fig. 7.

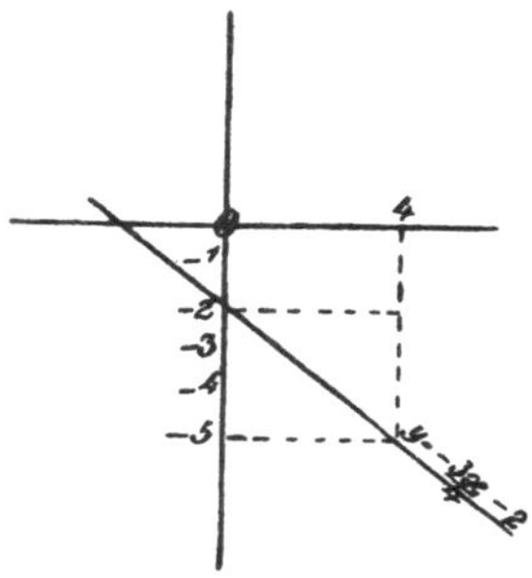

Fig. 8.

Erweitern wir die Funktion etwa zu $y = \frac{2x}{3} + 3$, so erhalten wir $y = 3$, wenn $x = 0$, $y = 5$, wenn $x = 3$, und damit ist die Funktionsgerade bestimmt, bei der jeder Punkt den Anforderungen der Funktion genügt (Fig. 7).

Oder $y = -\frac{3x}{4} - 2$ gibt eine Gerade, die in der y-Achse von -2 ausgeht und fällt im Verhältnis von 3 : 4 (Fig. 8).

Damit lassen sich die Funktionen aus § 1 (mit Ausnahme von $y = \frac{a}{x}$, die später behandelt wird) graphisch darstellen.

Übungen:

1. Suche mittels des Koordinatensystems
   $P\,(3, 4)$, $P_1\,(-5, 6)$, $P_2\,(7, -8)$, $P_3\,(0, 1\frac{1}{2})$, $P_4\,(-3\frac{3}{4}, 0)$.
2. Konstruiere die Funktionsgeraden zu § 1, wenn $a = 4$, $a =$ gegebene Strecke ist!
3. Konstruiere die Geraden zu folgenden Funktionsgleichungen:

$$y = 2x + 5$$

$$y = \frac{x}{4} - 3$$

$$y = 5 - 3x$$

$$y = -5x - 8!$$

(Suche entweder zuerst den Schnittpunkt mit der y-Achse und dann die Steigung (oder das Gefälle) oder konstruiere zuerst die Ursprungsgerade und verschiebe sie dann durch eine Parallele!)

§ 3. Verhältnisse und Proportionen.

a) Was uns aus diesem Abschnitt in unserem Zusammenhang interessiert, ist das Koordinatenverhältnis, das sich am einfachsten darstellt bei den Funktionsgeraden, die Ursprungsgerade sind. In Fig. 9 $y = \frac{4x}{5}$ tritt uns überall das Verhältnis 4 : 5 entgegen, wo wir Ordinate und Abszisse eines Punktes suchen. Ebenso wird es klar, daß ein Verhältnis beliebig vereinfacht und erweitert werden darf: Die Gerade bleibt die gleiche, ob man auf der y- und x-Achse 4 und 5 Maßeinheiten oder 2 und $2\frac{1}{2}$ oder 8 und 10 abträgt, um einen 2. Punkt neben 0 zu bestimmen. Schneidet die Funktionsgerade nicht im Nullpunkt wie in Fig. 10, wo $y = 2x + 2$ ist, so tritt uns auch da das Verhältnis 2 : 1 in den schraffierten Dreiecken deutlich entgegen: wir bekommen den gleichen Fall wie in Fig. 9, wenn wir uns die x-Achse um 2 Maßeinheiten nach oben oder unten parallel verschoben denken, andernfalls müssen wir die

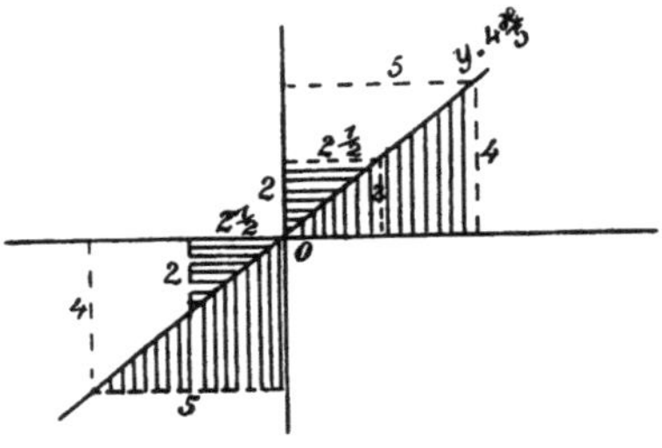

Fig. 9.

Ordinate immer erst um 2 vermindern oder vermehren, und das Verhältnis $\frac{y}{x} = \frac{4}{5}$ von Fig. 9 heißt hier $\frac{y \mp 2}{x} = \frac{2}{1}$.

b) Durch Verbindung zweier Koordinatenverhältnisse erhalten wir eine Proportion AB : BC = AD : DE (Fig. 10), und es lassen sich alle Veränderungen an Proportionen und Berechnungen mittels derselben am Koordinatensystem veranschaulichen. Davon nur ein Beispiel: Haben wir y = ax und suchen den Ordinatenwert zu der Abszisse a, so ist derselbe = a^2 (Fig. 11) (geometrische Multiplikation, die später verwendet werden soll).

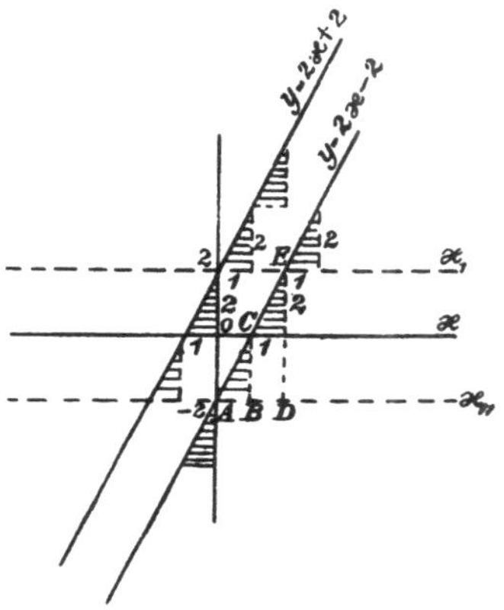

Fig. 10.

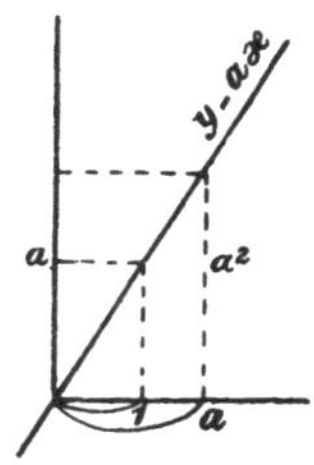

Fig. 11.

§ 4. Graphische Auflösung von Gleichungen ersten Grades (lineare Gleichungen).

a) Mit einer Unbekannten.

Soll der Wert für x eindeutig bestimmt werden, so gilt es aus der unendlichen Zahl von x-Werten, die durch die Funktionsgerade ermöglicht sind, den in Betracht kommenden herauszustellen. Das geschieht entweder dadurch, daß man ihn auf nur einen y-Wert (etwa y = 0) münzt oder aber 2 Funktionsgerade sucht, deren Schnitt den x-Wert angeben muß.

1. Beispiel.

I. $x + 6 = \frac{5x}{4}$; daraus eine Nullgleichung

II. $\frac{x}{4} - 6 = 0$; für 0 y eingesetzt

III. $y = \frac{x}{4} - 6$.

Der einzige x-Wert, der zu $y = 0$ gehören kann, ist der Abschnitt der Geraden auf der Abszissenachse, also $= 24$. Das gleiche hätte man erreicht, wenn man nach Gleichung 1 die beiden Geraden $y = x + 6$ und

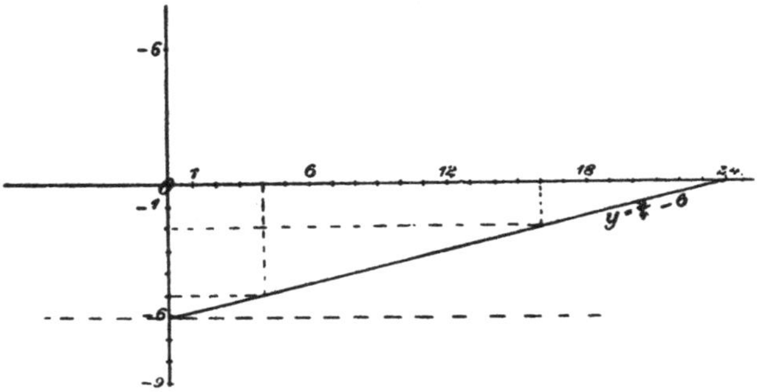

Fig. 12.

$y = \frac{5x}{4}$ hätte zum Schnitt kommen lassen und den Abszissenwert des Schnittpunkts gemessen hätte. (Konstruiere die Geraden und zeige die Übereinstimmung!)

2. Beispiel.

$$\text{I.} \quad \frac{x}{2} + \frac{x}{3} - \frac{x}{4} = \frac{14}{3}$$

$$\text{II.} \quad \frac{x}{2} + \frac{x}{3} - \frac{x}{4} - \frac{14}{3} = 0$$

$$\text{III.} \quad y = \frac{x}{2} + \frac{x}{3} - \frac{x}{4} - \frac{14}{3}$$

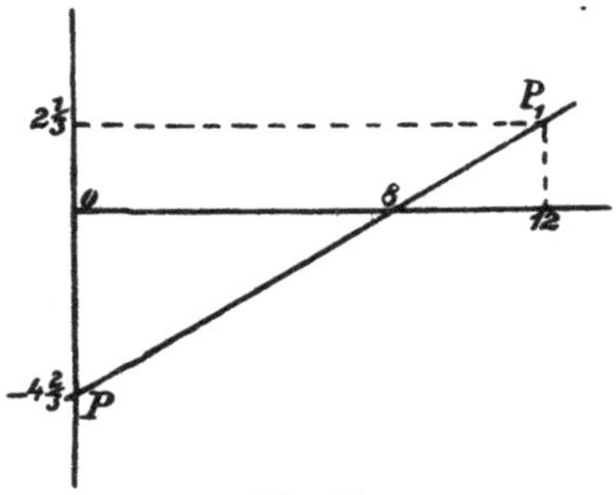

Fig. 13.

Um diese Funktionsgerade zu bestimmen, genügen zwei beliebige Punkte, etwa $x = 0$ und 12, dann ist $y = -4\frac{2}{3}$ und $2\frac{1}{3}$; die hiernach bestimmten Punkte P und P_1 liefern eine Gerade, deren Abschnitt auf der Abszissenachse mit 8 den Lösungswert der Gleichung darstellt.

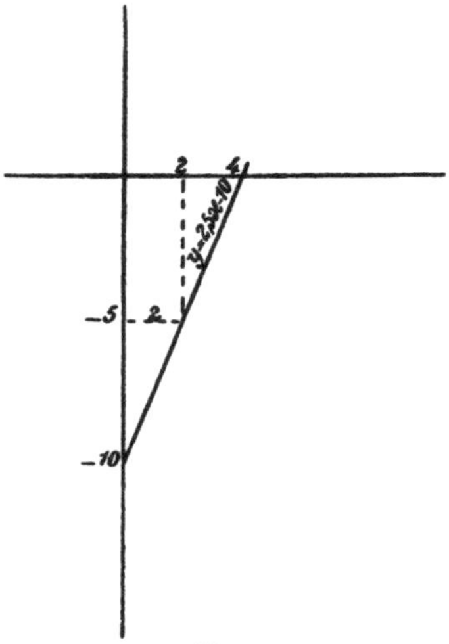

Fig. 14.

3. Beispiel.

Ein Vater ist 38, sein Sohn 8 Jahre alt. Nach wieviel Jahren ist der Vater $3\frac{1}{2}$ mal so alt als der Sohn?

a)

$$\text{I. } 38 + x = 3\tfrac{1}{2}(8 + x)$$
$$\text{II. } 38 + x = 28 + 3{,}5\,x$$
$$\text{III. } y = 2{,}5\,x - 10.$$

Die konstruierte Gerade liefert den Lösungswert 4.

b)

$$y = 28 + 3{,}5\,x$$
$y = 38 + x$ (nach I in a).

Der durch den Schnittpunkt gefundene Abszissenwert ist 4, der dazu gehörige Ordinatenwert 42 ist ein dem Resultat nahestehender Wert, der bei der Probe benötigt wird.

4. Beispiel.

A besitzt 35 ℳ, B 13 ℳ. Um welche gleiche Summe müssen beide ihren Besitz vermehren oder vermindern, damit B $\frac{1}{3}$ von A hat?

a)

$$\text{I. } 35 + x = 3\,(13 + x)$$
$\text{II. } y = 4 + 2x$ $(= 2 + x!)$

Die Gerade schneidet -2 von der Abszissenachse ab.

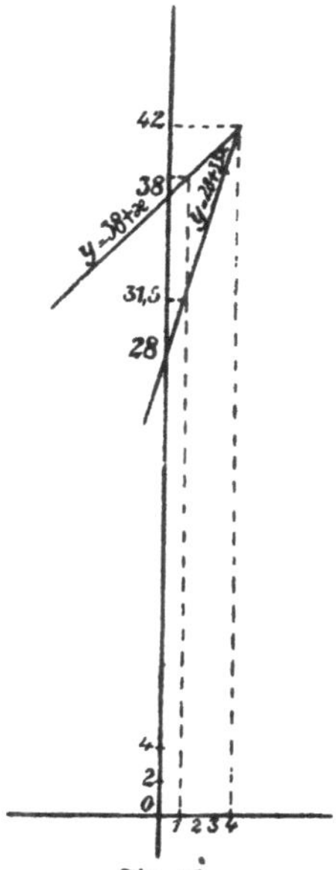

Fig. 15.

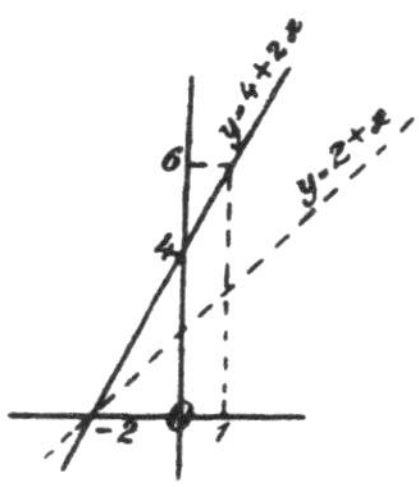

Fig. 16.

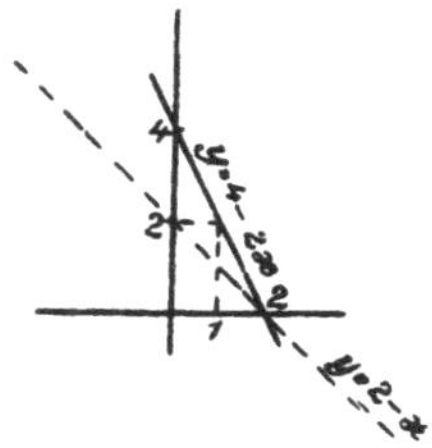

Fig. 17.

b)

Wissen wir, daß es sich um ein Vermindern handelt, so gilt auch

$$\text{I. } 35 - x = 3\,(13 - x)$$
$\text{II. } y = 4 - 2x$ $(= 2 - x!)$

Jetzt gilt es $+2$ zu subtrahieren.

c)

$$y = 35 + x$$
$y = 39 + 3x$ (nach I in a).

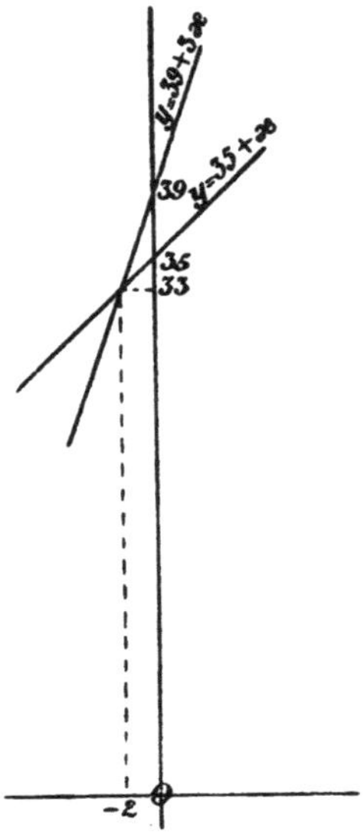

Fig. 18.

Die beiden Funktionsgeraden schneiden sich so, daß der Schnittpunkt den Abszissenwert — 2 angibt. Die Ordinate mit 33 deutet die Probe an (Summe von 35 und — 2).

b) Mit zwei Unbekannten.

Wir bestimmen in beiden Hauptgleichungen den Wert für y, wie das bei der Kombinationsmethode geschieht und sehen die gefundenen Formeln für Funktionsformeln an. Die Konstruktion der Geraden führt zu einem Schnittpunkt, dessen Koordinaten die Resultate darstellen.

1. Beispiel.

$$\text{I. } 2x + 3y = 18$$
$$\text{II. } 4x - 2y = 4$$
$$\text{III. } y = 6 - \frac{2x}{3}$$
$$\text{IV. } y = 2x - 2.$$

Der Schnittpunkt dieser beiden Geraden zeigt als Abszissenwert für $x = 3$, der Ordinatenwert $y = 4$.

2. Beispiel.

$$\text{I. } 4x + 2y = 1$$
$$\text{II. } 6y = 2x - 18$$
$$\text{III. } y = 0{,}5 - 2x$$
$$\text{IV. } y = \frac{x}{3} - 3$$
$$x = 1\tfrac{1}{2},\ y = -2\tfrac{1}{2}.$$

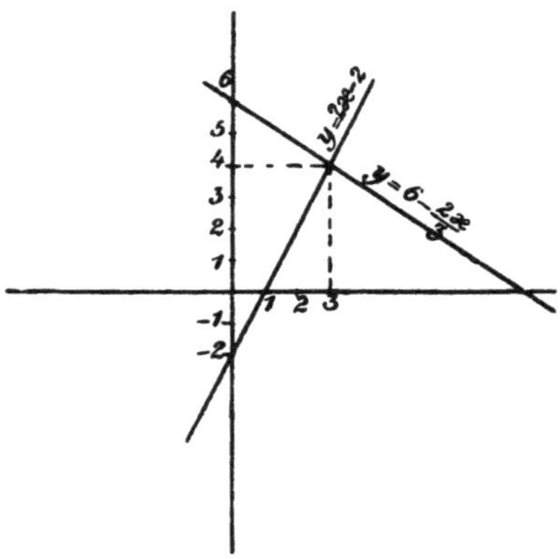

Fig. 19.

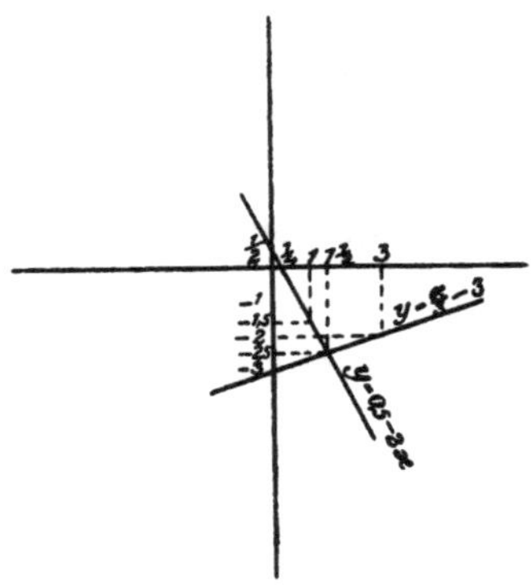

Fig. 20.

§ 5. Schlußrechnen.

Für das Rechnen nach Schluß oder nach Räsonnement können diese Mittel benützt werden, einmal um sachliche Beziehungen zum kurzen Ausdruck und zur graphischen Darstellung zu bringen (vgl. dazu § 1) und zum andern, um Aufgaben (ohne Benützung von Gleichungen) zu lösen.

a)

Für das erste 2 Beispiele:

1. Weg, Zeit, Geschwindigkeit:
   Der Weg ist eine Funktion der Zeit (bei konstanter Geschwindigkeit) vgl. $y = a\,x$.
   Die Zeit ist eine Funktion der Geschwindigkeit (bei konstant. Weg) vgl. $y = \frac{a}{x}$.
   Die Geschwindigkeit ist eine Funktion der Zeit (bei konst. Weg) vgl. $y = \frac{a}{x}$.
2. Kapital, %, Zins.
   Der Zins ist eine Funktion des Kapitals (bei konst. %) vgl. $y = a\,x$ (bei $5\,\% = \frac{1}{20} \cdot x$).
   Das Kapital ist eine Funktion des Zinsfußes (bei konst. Zins) vgl. $y = \frac{a}{x}$.
   Die % sind eine Funktion des Zinses (bei konst. Kap.) vgl. $y = \frac{x}{a}$.

(Die graphischen Darstellungen dieser Funktionen s. § 2).

b)

1. Ein Wanderer A geht von M nach dem 42 km entfernten N und macht in jeder Stunde 6 km; $1\frac{1}{2}$ Stunden später geht von N Wanderer B ab mit 5 km stündlicher Geschwindigkeit. Wann und wo begegnen sie einander?
   Unsere Abszisse enthalte die Stunden, durch + 42 der y-Achse sei die Parallele gelegt mit den Zeitstrecken für B. Sucht man jetzt die Weggerade für A beginnend in 0 ansteigend 6 : 1, sodann diejenige des B beginnend in $1\frac{1}{2}$ und fallend (A entgegen) wie 5 : 1, so gibt der Treffpunkt in seiner Abszisse $4\frac{1}{2}$ die Zahl der Stunden, in seiner Ordinate 27 die Wegstrecke des A.
2. Einem Kurier, der stündlich 4 km zurücklegt, wird nach 5 Stunden ein anderer nachgeschickt, welcher in der Stunde 6 km macht; wann holt dieser den ersten ein?
   Die graphische Lösung erfordert die Weggerade des ersten Kuriers, die von 0 aus im Verhältnis 4 : 1 ansteigt; sodann

diejenige für den Einholenden: sie geht aus von Stunde 5 und steigt wie 6 : 1. Die Einholungsstelle liegt im Schnittpunkt beider Geraden: Die Abszisse mit 15 bezeichnet die Zeit für den langsameren, ohne die 5 gilt sie dem schnelleren; die Ordinate gibt in den 60 km den Weg für beide.

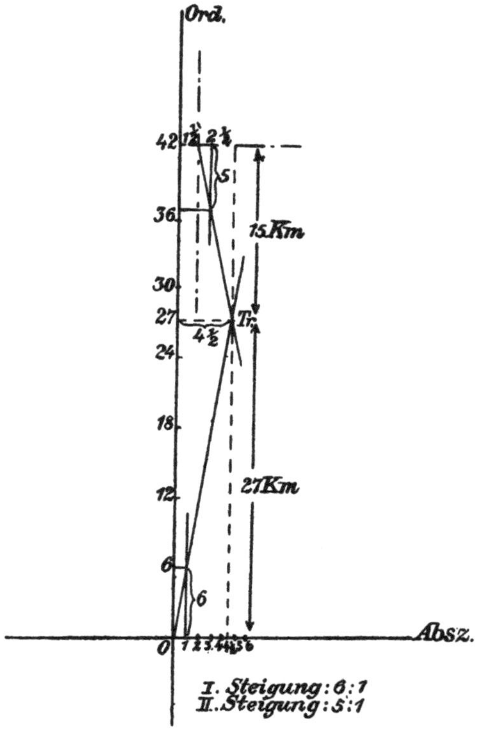

Fig. 21.

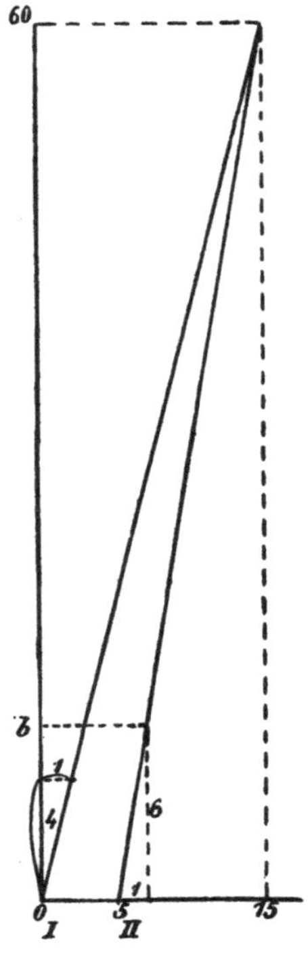

Fig. 22.

3. Jemand legt die Entfernung zwischen zwei Städten mit der Geschwindigkeit von 5 km in der Stunde zurück. In welcher Zeit macht er den ganzen Weg, wenn ein besserer Fußgänger, der in der Stunde 6 km macht, zu dem ganzen Weg 1½ Stunden weniger gebraucht? Welches ist die Entfernung beider Städte?

Die beiden Weggeraden, die von 0 ausgehen und wie 5 : 1 und 6 : 1 ansteigen, differieren. Es gilt nun eine Abszisse parallel zur x-Achse so zu legen, daß zwischen den Weggeraden die Zeitstrecke 1½ zu liegen kommt. An beliebiger Stelle 1½ entsprechend angelegt und durch eine Parallele verschoben, gibt die gewünschten Zeitstrecken mit 9 und 7½ Stunden, die Ordinaten beider Punkte sind je 45, der gesuchten Entfernung beider Städte.

4. Von zwei Wasserbehältern wird der eine von einem Rohr gespeist, durch welches in 20 Minuten 1 cbm zufließt, der andere

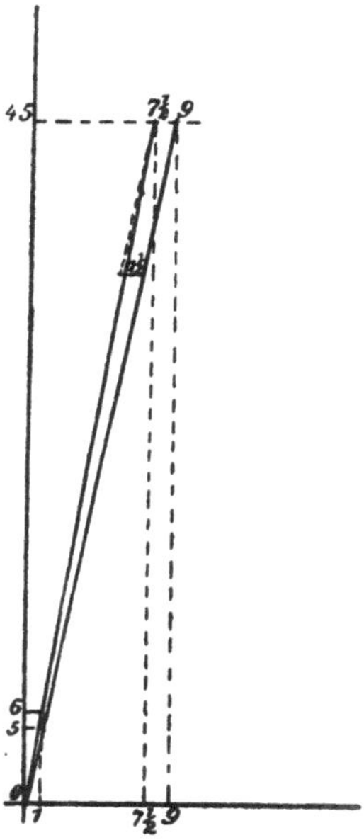

Fig. 23.

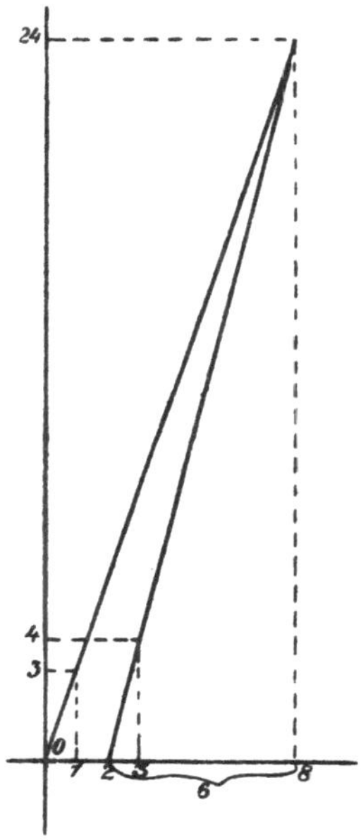

Fig. 24.

von einem Rohr, durch das 1 cbm Wasser in 15 Minuten fließt. Nach welcher Zeit enthalten beide Behälter gleich viel, wenn man den 2. Behälter zwei Stunden später zu füllen begann?

Nehmen wir die x-Achse wieder als Zeitachse, so ist die y-Achse hier Inhaltsachse. Den Verlauf des Füllens im 1. Fall stellt die Gerade dar, die in Null beginnt und steigt wie 3 : 1 ($y = 1$ cbm, $x = \frac{1}{3}$ Std.). Den 2. Fall zeigt die Gerade von 2 aus im Steigungsverhältnis 4 : 1. Im Schnitt beider ist durch die eine Ordinate der gleiche Inhalt 24 cbm gegeben, die Abszisse des Punktes mit 8 Stunden stellt die Füllungszeit für den ersten Behälter dar, der zweite braucht 6 Stunden.

§ 6. Potenzen.

1. Der Potenzwert ist bei gleichbleibendem Exponenten abhängig von der Basis: jener ist eine Funktion der letzteren; $y = x^n$; zunächst $y = x^2$.

Zur graphischen Darstellung dieser Funktion benützen wir eine Wertetabelle:

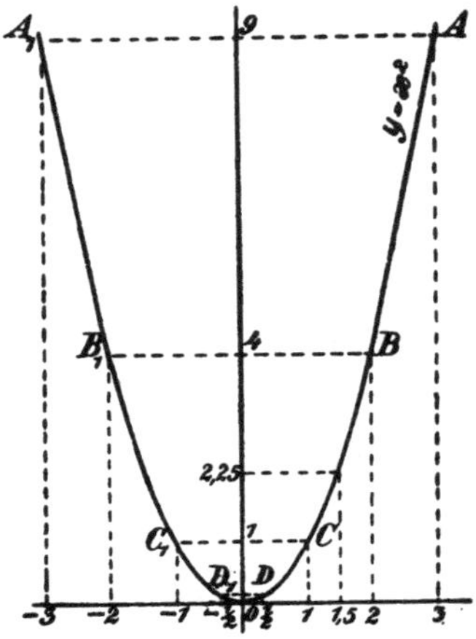

Fig. 25.

x	y	Punkt
$+3$	9	A
$+2$	4	B
$+1$	1	C
$+\frac{1}{2}$	$\frac{1}{4}$	D
0	0	0
$-\frac{1}{2}$	$\frac{1}{4}$	D_1
-1	1	C_1
-2	4	B_1
-3	9	A_1

Die Konstruktion könnte auch erfolgen in Anlehnung an die Funktion $y = x$, indem jede Ordinate von dort x mal größer genommen einen Kurvenpunkt liefern müßte $y = x \cdot x$.

Die Kurve, durch die der Verlauf der Funktion $y = x^2$ graphisch dargestellt wird, heißt eine Parabel. Sie hat ihren Scheitel im Nullpunkt, die Ordinatenachse ist ihre Symmetrieachse, sie verläuft im Quadranten I und II. Jeder beliebige Abszissenwert erscheint in der zugehörigen Ordinate mit 2 potenziert z. B. $x = 1{,}5$, $y = 2{,}25$. Deutlich tritt uns an der Figur entgegen, wie positive und negative Werte potenziert mit 2 stets Pluswerte ergeben.

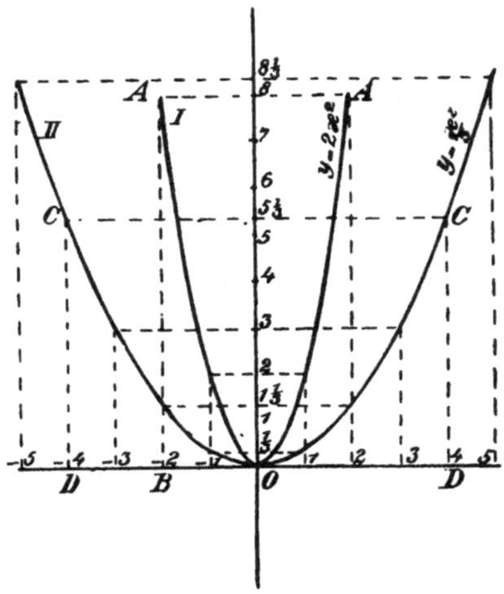

Fig. 26.

Es empfiehlt sich, die quadratische Parabel, die oft benutzt wird, aus Karton auszuschneiden oder auf Pauspapier zu zeichnen, damit sie nicht jedesmal neu konstruiert werden muß.

Wie früher unsere Normallinie $y = x$ durch einen Koeffizienten bei x ihren Ausgangspunkt vom Nullpunkt beibehielt, so auch unsere

Normalparabel: $y = 2x^2$ und $y = \frac{x^2}{3}$ zeigen die Veränderungen in I und II. Jede Ordinate stellt hier den doppelten oder $\frac{1}{3}$ fachen Wert von dem Quadrat der zugehörigen Abszisse dar, z. B. $AB = 2\,(BO)^2$, $8 = 2 \cdot 2^2$ oder $CD = \frac{1}{3}\,(DO)^2 = 5\frac{1}{3} = \frac{1}{3} \cdot 4^2$.

Eine Verschiebung der Parabel nach oben oder unten erhalten wir bei den Funktionsformeln wie z. B. $y = x^2 + 2$ oder $y = x^2 - 2$. Wenn wir uns hier die x-Achse um 2 Maßeinheiten nach oben oder unten parallel verschoben denken, so haben wir unsere Normalparabel.

Nach links oder rechts verschoben ist die Parabel in $y = (x + 2)^2$ und $y = (x - 3)^2$. Hier würde eine Verschiebung der Ordinatenachse um 2 oder 3 Maßeinheiten nach rechts oder links die Normalform ergeben (Fig. 29).

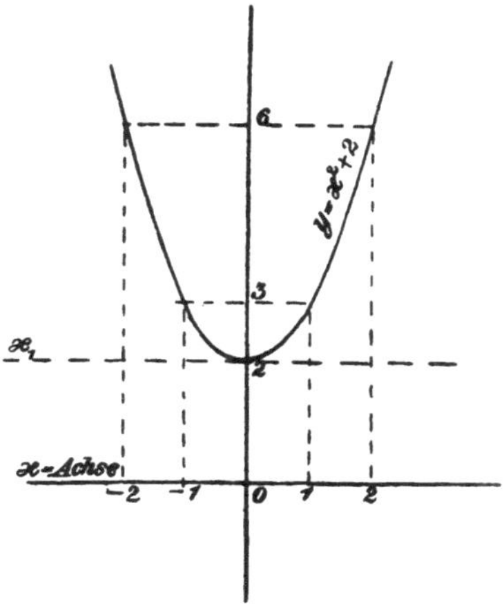

Fig. 27.

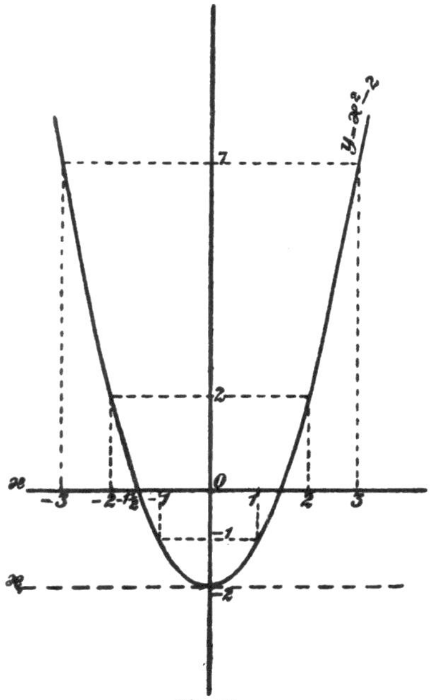

Fig. 28.

Schließlich können beide Verschiebungen zusammen auftreten: $y = x^2 + 4x + 7$. Die graphische Darstellung kann in allen Fällen ohne weitere Überlegungen mit einer Wertetabelle gemacht werden, also hier

x	y	Punkt
−5	12	D
−4	7	C
−3	4	B
−2	3	A
−1	4	B_1
0	7	C_1
1	12	D_1

Nach dem Vorausgegangenen könnte man $x^2 + 4x + 7$ zerlegen in $(x+2)^2 + 3$, wodurch ersichtlich ist, daß eine Verschiebung nach links um 2, nach oben um 3 Einheiten in Betracht kommt, so daß die Normalparabel von $(-2{,}3)$ ausgeht.

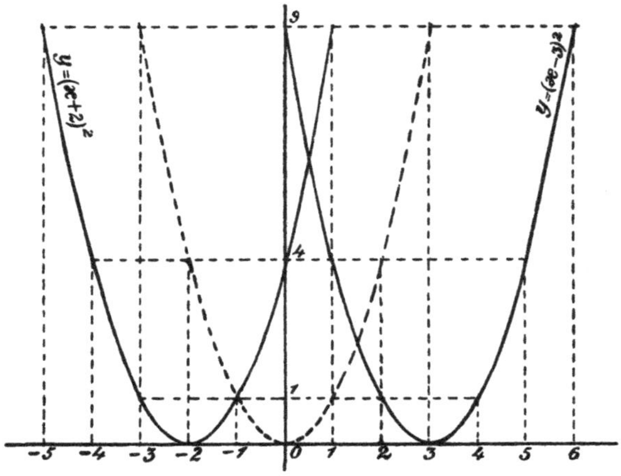

Fig. 29.

Veränderungen anderer Art erleidet unsere Parabel in $x = y^2$, wobei sie um 90° oder $y = -x^2$, wobei sie um 180° gedreht wird (Fig. 31).

Auch an diesen gedrehten Parabeln lassen sich die oben genannten Verschiebungen vornehmen, z. B. $x = y^2 + 3$.

Nachdem wir die Funktion 2. Grades, die sich graphisch in der Parabel darstellt, ausführlicher behandelt haben, können wir uns bei den Funktionen höheren Grades kürzer fassen. $y = x^3$ (Fig. 32).

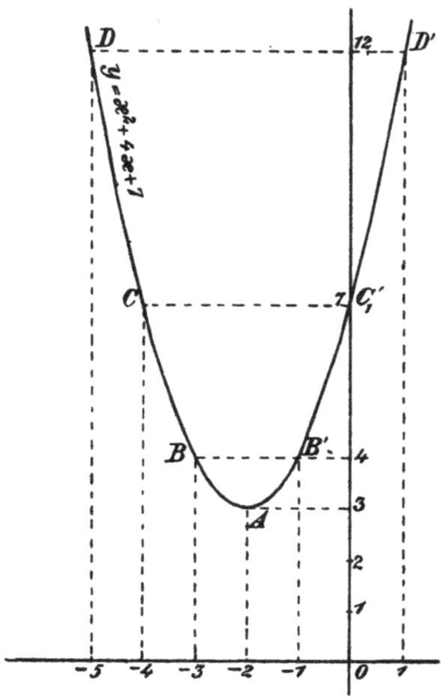

Fig. 80

x	y	Punkt
+2	8	A
1	1	B
$\frac{1}{2}$	$\frac{1}{8}$	C
0	0	0
$-\frac{1}{2}$	$-\frac{1}{8}$	C_1
−1	−1	B_1
−2	−8	A_1

Diese kubische Parabel verläuft im 1. und 3. Quadranten, jeder Abszissenwert hat seinen Kubus in dem dazugehörigen Ordinatenwert z. B. $-1\frac{1}{2}$ und $-3{,}375$. Daß negative Basen auch negative Potenzwerte liefern, tritt deutlich ins Auge.

Mit Benützung einer Wertetabelle lassen sich leicht wieder die Veränderungen, die die kubische

Parabel ähnlich der quadratischen erleiden kann, graphisch darstellen, z. B. $y = \frac{x^3}{3}$, $y = 2x^3$, $y = -x^3$ usw.

$y = x^4$ ist in Fig. 33 dargestellt, und wir merken, daß sich das Bild analog dem von $y = x^2$ darstellt, ebenso bilden die Parabeln bei ungeraden Exponenten eine zusammengehörige Reihe.

Ein anderes Bild liefert unsere Funktion, wenn der Exponent negativ ist, $y = x^{-1}$ oder $y = \frac{1}{x}$. (Vgl. § 1, III.) (Fig. 34.)

x	y	Punkt
4	$\frac{1}{4}$	A
3	$\frac{1}{3}$	B
2	$\frac{1}{2}$	C
1	1	D
$\frac{1}{2}$	2	E
0	∞	∞
$-\frac{1}{2}$	-2	E_1
-1	-1	D_1
-2	$-\frac{1}{2}$	C_1
-3	$-\frac{1}{3}$	B_1
-4	$-\frac{1}{4}$	A_1

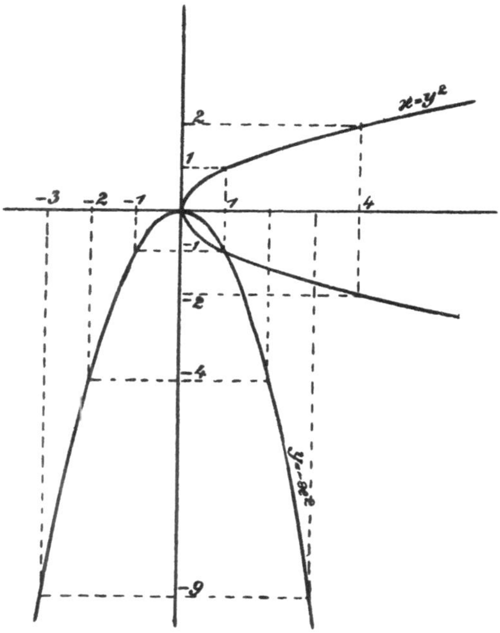

Fig. 31.

Das geometrische Bild besteht aus 2 kongruenten Zweigen im 1. und 3. Quadranten (vgl. $y = x^3$) und wird als gleichseitige Hyperbel bezeichnet, deren Äste in der Unendlichkeit die x- und y-Achse berühren.

$y = x^{-2} = \frac{1}{x^2}$ (Fig. 35)

x	y	Punkt
3	0,11	A
2	0,25	B
1	1	C
0,5	4	D
$-0,5$	4	D_1
-1	1	C_1
-2	$\frac{1}{4}$	B_1
-3	0,11	A_1

Wir erhalten bloß positive Werte, das Bild also im 1. und 2. Quadranten, wieder in der Unendlichkeit die Achsen treffend.

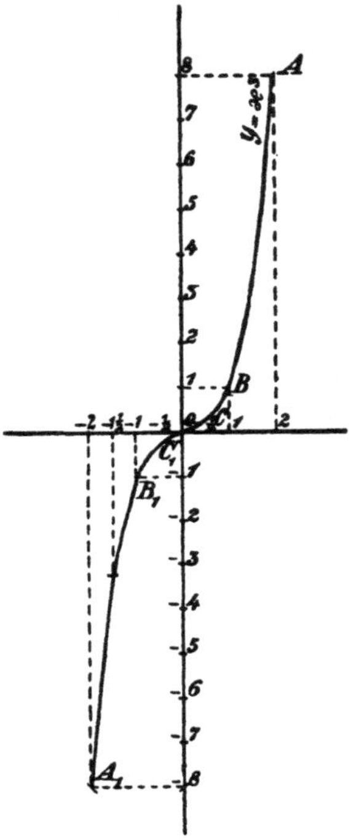

Fig. 32.

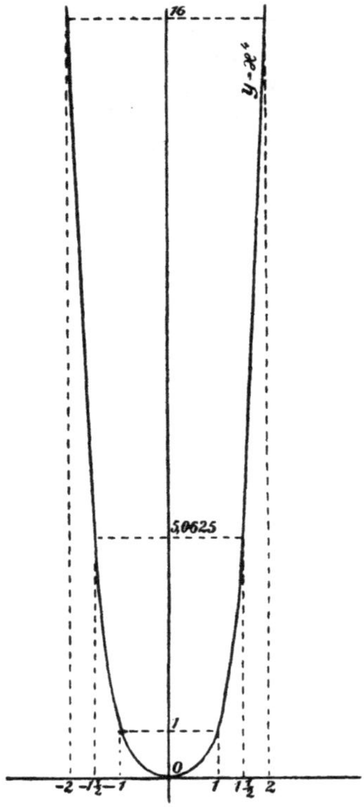

Fig. 33.

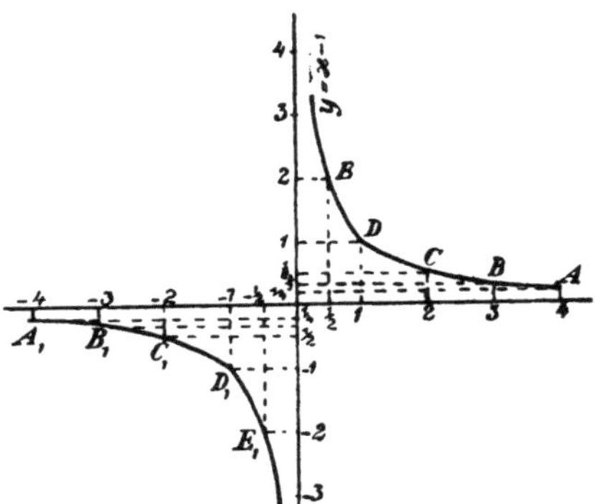

Fig. 34.

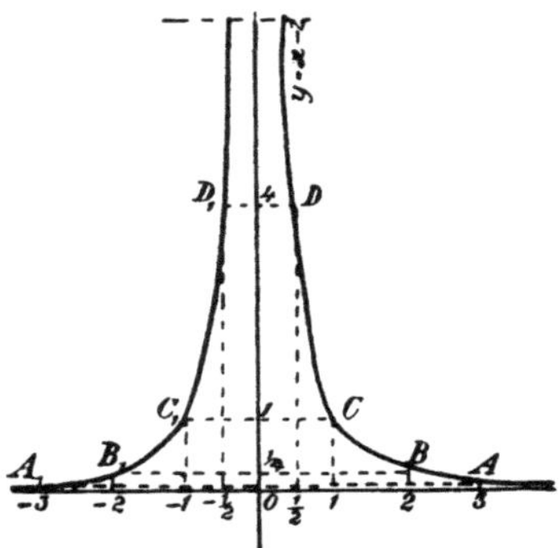

Fig. 35.

Zeichnen wir noch das Bild von $y = x^{-3} = \frac{1}{x^3}$, so zeigt uns Fig. 36 das ähnliche Verhalten wie bei $y = x^{-1}$ und wir bekommen wieder die zwei Reihen bei geraden Exponenten einerseits und bei ungeraden andererseits.

Schon diese Ausführungen aus der Lehre von den Potenzen, die hauptsächlich im Blick auf die Möglichkeit des Lösens von Gleichungen

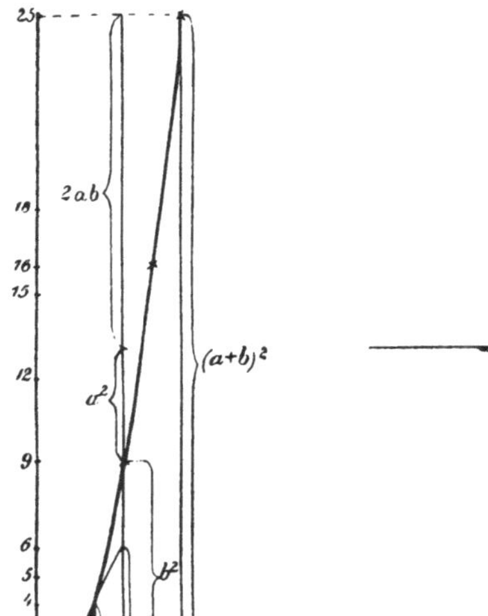

Fig. 37.

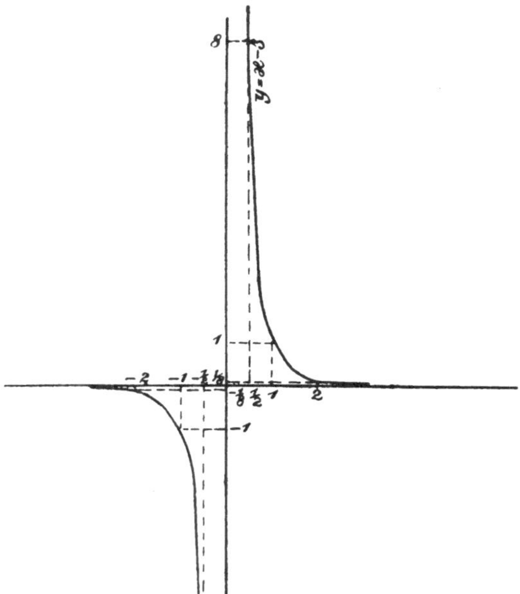

Fig. 36.

auf graphischem Weg ausgewählt wurden, veranschaulichen eine Anzahl von fundamentalen Sätzen. Es ließen sich so noch manche andere Sätze von den Potenzen durch das Koordinatensystem und die graphische Methode demonstrieren.

Beispiel: Der immer wiederkehrende Fehler, den Schüler damit machen, daß sie $(a + b)^2 = a^2 + b^2$ nehmen, läßt sich an der quadratischen Parabel korrigieren: Abszisse a gibt Ordinate a^2, b gibt b^2 und zu $(a + b)$ gehört $(a + b)^2$. Man sieht deutlich, daß $(a + b)^2 > (a^2 + b^2)$. Suchen wir mittels der Streckenmultiplikation a b, so finden wir, daß dies die Hälfte von jener Differenz darstellt (vgl. auch Fig. 78).

§ 7. Wurzeln.

In Fig. 25 haben wir nach $y = x^2$ aus der Abszisse in der Ordinate das Quadrat gefunden, setzen wir umgekehrt die Ordinate als bekannt voraus, so haben wir in ihrer Abzisse die Quadratwurzel. Wählen wir dafür die übliche Wurzelfunktion, so heißt dieselbe $y = \sqrt{x}$, ihre graphische Darstellung in Fig. 38 erkennen wir identisch mit $x = y^2$. Unsere Parabel gibt uns (bei genügender Größe und pünktlicher Zeichnung) die Möglichkeit, Zahlenwerte der Abszisse in der dazugehörigen Ordinate mit 2 radiziert zu finden; z. B. Abzisse 2,25, Ordinate $\sqrt{2,25} = 1,5$ und zwar plus und minus. Die Parabel hat die x-Achse zur Symmetrieachse, bewegt sich in Quadranten I und IV, negative x-Werte sind durch die Figur ausgeschlossen, wodurch wir den Satz bestätigt finden, daß $\sqrt{}$ aus negativen Größen imaginär sind. Ein ähnliches würden uns alle Parabeln bei geradem Wurzelexponenten zeigen.

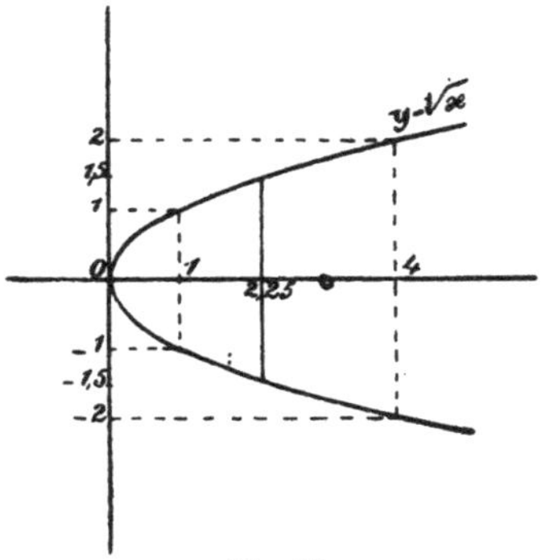

Fig. 38.

$y = \sqrt[3]{x}$ graphisch dargestellt gibt Fig. 39; den gleichen Zweck könnte wieder Fig. 32 erfüllen; während hier die Ordinate $\sqrt[3]{}$ aus der Abszisse darstellt, ist's dort umgekehrt. Das Bild sagt uns, daß es hier

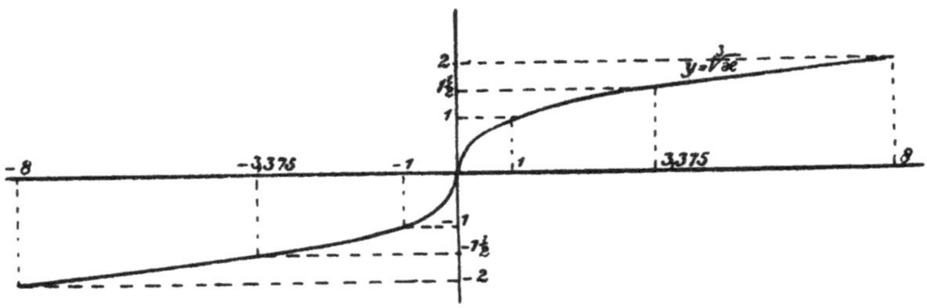

Fig. 39.

positive und negative Radikanden (x-Werte) und entsprechend positive und negative Wurzeln (y-Werte) geben kann. $y = \sqrt[5]{x}$, $y = \sqrt[7]{x}$ usw. würden analoge Bilder liefern.

Eine Verbindung von Potenz und Wurzel bekommen wir, wenn Wurzel- oder Potenzexponent gebrochen ist. $y = x^{\frac{3}{2}}$. Mittels Wertetabelle ist das graphische Bild Fig. 40 erhältlich, das uns sagt, daß es nur positive x-Werte, aber positive und negative y-Werte gibt, eine

Wahrnehmung, die uns klar ist, wenn wir in dem Nenner 2 des Bruchexponenten ein Radizieren mit einem geraden Exponenten angedeutet sehen.

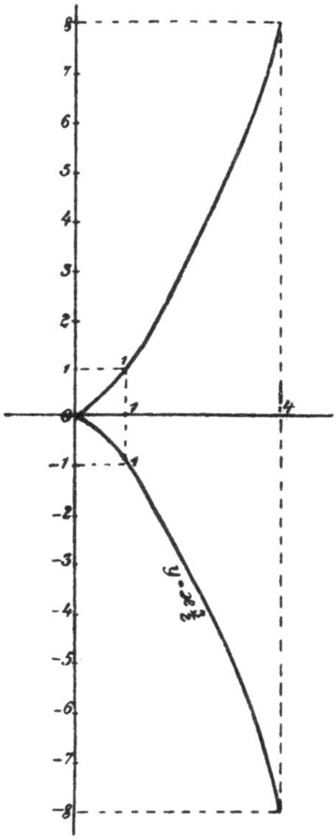

Fig. 40.

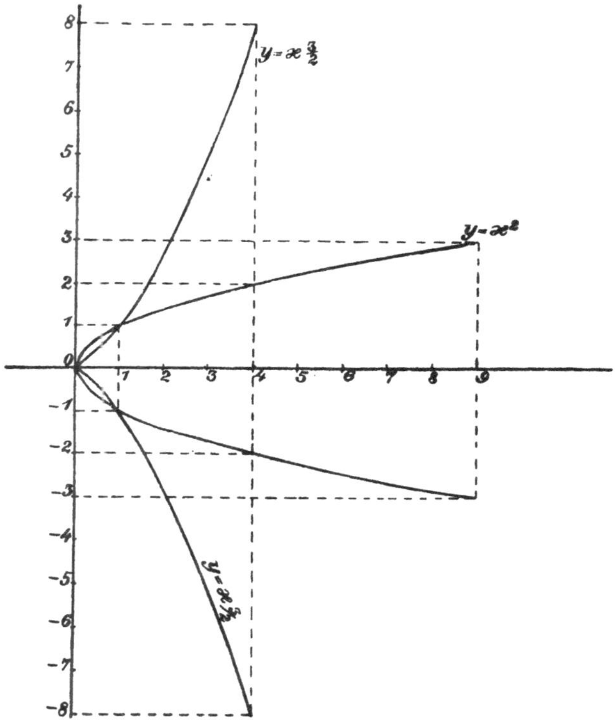

Fig. 41.

Eine andere Konstruktion dieser Kurven ergibt sich in Anlehnung an Fig. 38 aus der Erwägung, daß $y = x^{\frac{3}{2}} = \sqrt[2]{x^3} = x\sqrt{x}$ ist und somit jene Ordinaten immer xfach zu nehmen sind.

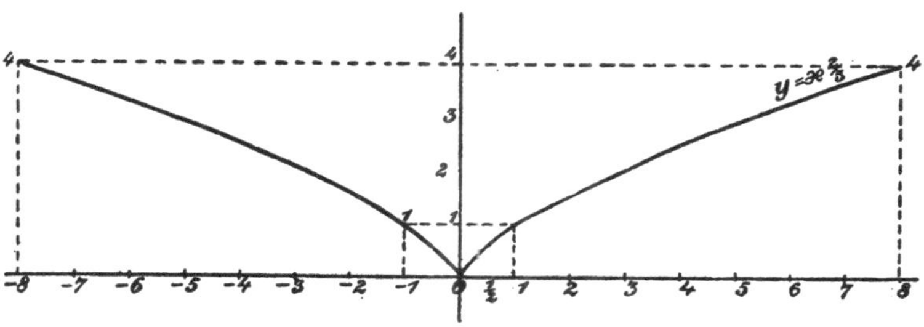

Fig. 42.

Eine Ergänzung zu obiger Funktion liefert $y = x^{\frac{2}{3}}$, wobei der Zähler des Bruchs gerade ist. Wenn wir bedenken, daß es sich hier um ein Radizieren mit 3 und ein Potenzieren mit 2 handelt, so erwarten wir bloß positive y-Werte, während x positiv und negativ sein kann. Die graphische Darstellung der Funktion, die sich in I und II bewegt, bestätigt dies.

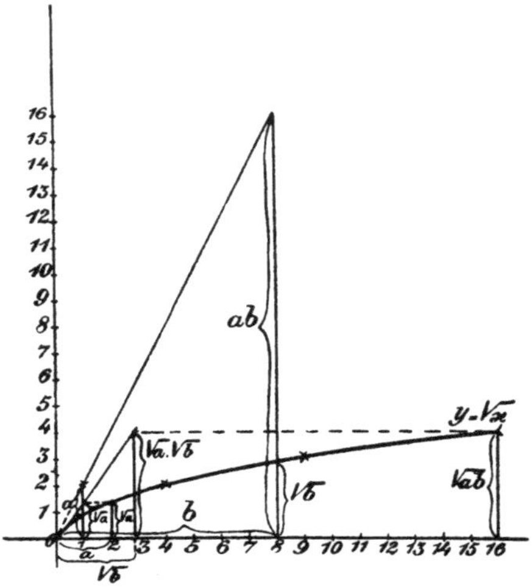

Fig. 43.

Sind im bisherigen schon manche Sätze, wie z. B. die Bedeutung von 0, 1, Minus, in der Lehre von den Wurzeln erläutert und veranschaulicht worden, so lassen sich noch viele andere graphisch beweisen oder wenigstens erklären; zum Beispiel $\sqrt{a} \cdot \sqrt{b} = \sqrt{ab}$.

Wir suchen an der Wurzelparabel zu den Abszissen a und b die Ordinaten $\sqrt{a}$ und $\sqrt{b}$, sodann durch Streckenmultiplikation sowohl das Produkt ab als $\sqrt{a} \cdot \sqrt{b}$ und schließlich zur Abszisse ab die Ordinate $\sqrt{ab}$. Die Konstruktion lehrt, daß $\sqrt{a} \cdot \sqrt{b} = \sqrt{ab}$ ist.

§ 8. Rein und gemischt quadratische Gleichungen.

A.

Sollen Gleichungen dieser Art aufgelöst werden, so gilt es auch hier, aus den unzähligen x-Werten, die durch die Parabel angedeutet sind, den einen oder die zwei zu bestimmen, wie sie bei algebraischen Lösungen sich auch ergeben. Wir benützen hiezu wieder die Tatsache, daß, wenn $y = 0$ ist, nur die Schnittpunkte der Parabel mit der Abszissenachse darauf passende x-Werte bestimmen können. Somit gilt es bei der graphischen Lösung hieher gehöriger Gleichungen, die Lösungsparabel soweit zu konstruieren, bis sie die Abszissenachse geschnitten hat, bzw. klar liegt, daß sie dieselbe nicht mehr schneiden kann. In folgendem sind 8 Beispiele gelöst, absichtlich alle auf die oben angedeutete Weise, um die charakteristischen Lagen und Schnittmöglichkeiten der Lösungsparabel zeigen zu können.

1.

I. $x^2 = 5$ (rein quadratische Gleichung)
II. $x^2 - 5 = 0$ (Nullgleichung)
III. $y = x^2 - 5$ (Funktionsgleichung).

Ihr geometrisches Bild zeigt Fig. 44; da die Parabel symmetrisch zur y-Achse liegt, bestimmen die Schnittpunkte mit der x-Achse gleich große positive und negative Wurzeln: $x = \pm 2{,}23$.

Es mag hier angedeutet sein, daß das Resultat auf graphischem Weg auch durch Fig. 25 hätte gefunden werden können.

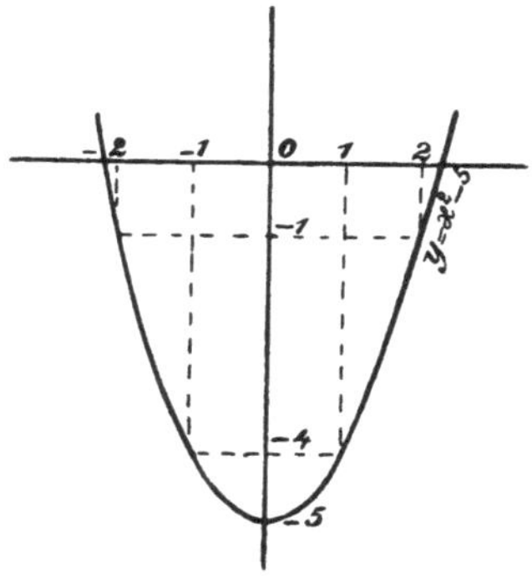

Fig. 44.

2.

I. $x^2 = \quad -6$ (rein quadratische Gleichung)
II. $y = x^2 + 6$ (Funktionsgleichung).

Die Parabel in ihrer Verschiebung nach oben versagt die Resultate, übereinstimmend mit Fig. 27 oder 30, wo wir auch die Unmöglichkeit gesehen haben, negative Werte mit 2 zu radizieren (imaginäre Größen: $\sqrt{-6} = \sqrt{6 \cdot -1} = 2{,}4 \sqrt{-1} = 2{,}4\,i$).

3.

I. $x^2 \pm 6x = -9$
II. $y = x^2 \pm 6x + 9$

Suchen wir das graphische Bild durch die Wertetabelle oder die Überlegung, daß wir hier $(x \pm 3)^2$ vor uns haben, so finden wir die

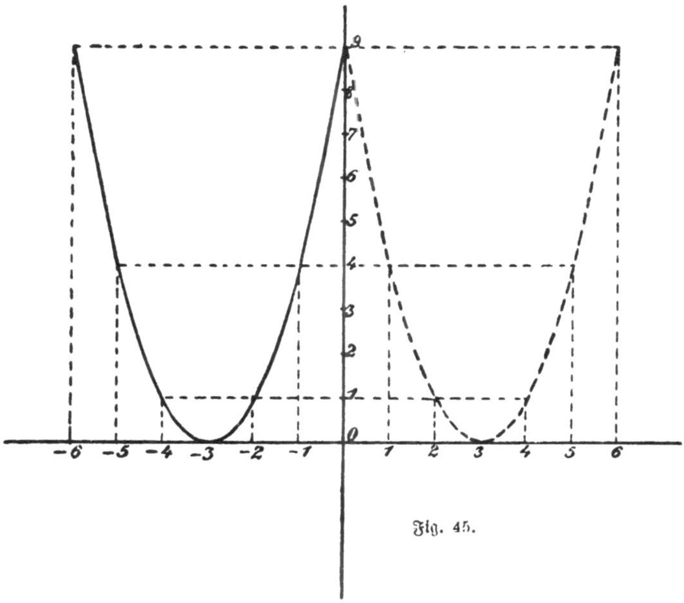

Fig. 45.

Parabel um 3 Einheiten nach links oder rechts verschoben, als Resultat kommt also nur ∓ 3 in Betracht.

4.

$$\text{I. } x^2 - 3x = 0$$
$$\text{II. } y = x^2 - 3x$$

Die Lösungsparabel schneidet im Nullpunkt und $+3$, Resultate, die durch die algebraische Lösung bestätigt werden; wenn $x(x-3) = 0$ ist, so kann x oder $(x-3) = 0$ sein. Analog Fig. 45 bringt ein $+$ bei x die Parabel nach der andern Seite mit -3 als Resultat.

5.

$$\text{I. } x^2 - 4x + 3 = 0$$
$$\text{II. } y = x^2 - 4x + 3$$

Unsere Parabel meldet 2 positive Werte 1 und 3, indem beide Schnitte rechts der x-Achse erfolgen.

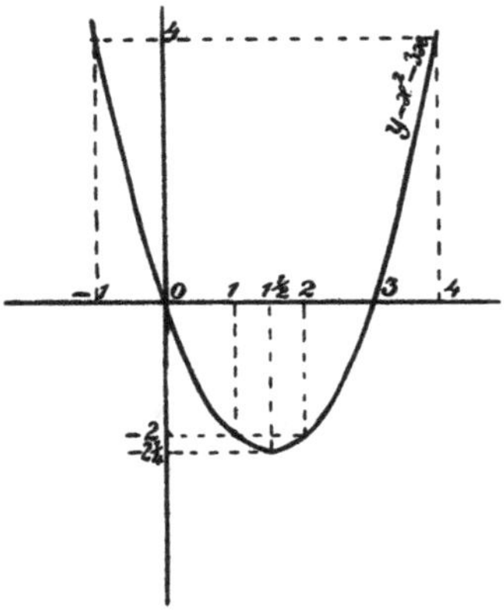

Fig. 46.

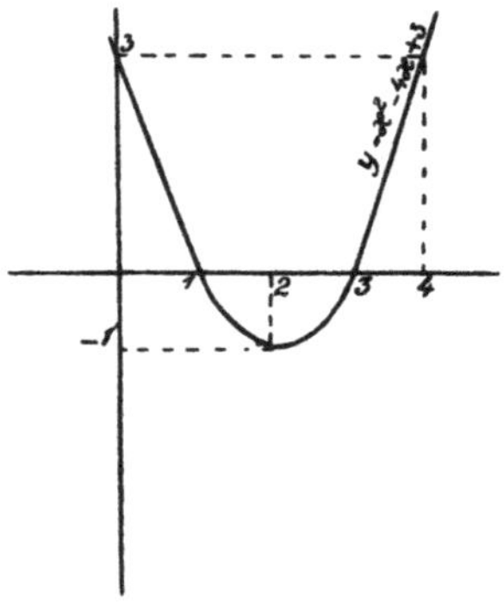

Fig. 47.

6.

$$\text{I. } y = 4x^2 + 12x + 5$$
$$= x^2 + 3x + \tfrac{5}{4}$$

x	y	Punkt
0	5	A
—1	—3	B
—2	—3	C
—$1\frac{1}{2}$	—4	D
—3	5	E

Bei der Konstruktion der Parabel mittels Wertetabelle merken wir nach 3 ganzzahligen x-Werten, daß der Scheitelpunkt so nicht erreicht wird; -1 und -2 geben gleich hohe y-Werte, also gibt $x = -1\frac{1}{2}$ den Scheitel.

Beide Schnitte liegen auf der linken Seite der Ordinatenachse, wir erhalten zwei negative Wurzeln $-\frac{1}{2}$ und $-2\frac{1}{2}$.

7.

$$\text{I. } y = x^2 + 2x - 15$$

Die Abszissenachse wird im positiven und negativen Teil geschnitten; wir erhalten als positive Wurzel 3, als negative -5.

8.

$$\text{I. } y = x^2 - 4x + 5$$

x	y	Punkt
0	5	A
1	2	B
2	1	C
3	2	D
4	5	E

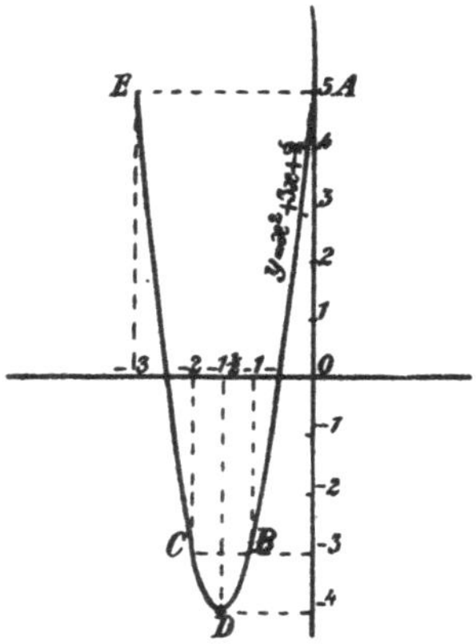

Fig. 48.

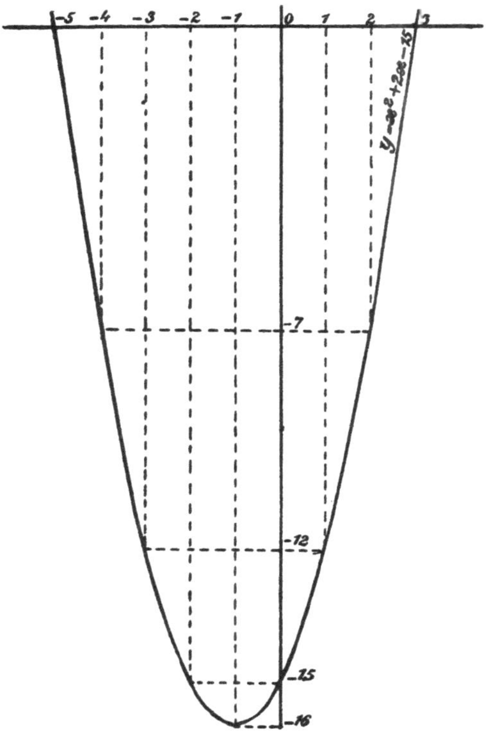

Fig. 49.

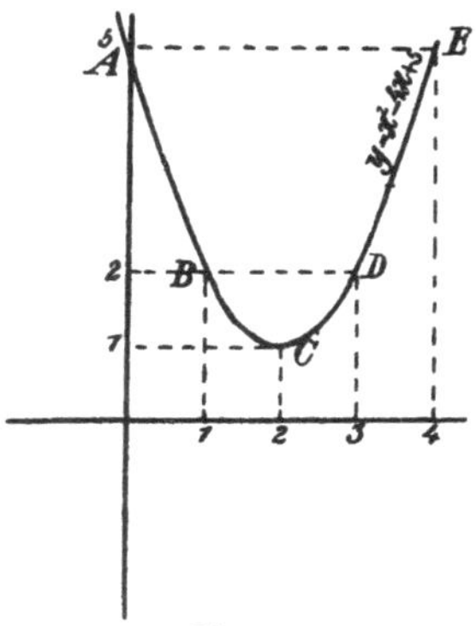

Fig. 50.

Ein Schnitt erfolgt hier nicht, also ist eine reelle Wurzel ausgeschlossen und wir stoßen wieder auf imaginäre Größen.

Übersichtstabelle.

Nr.	Funktionsformel mit Zahlen	Funktionsformel allgemein	Lösungsparabel zur Normalparabel verschoben nach	Schnittpunkte mit der x-Achse	Resultate	
1.	$y = x^2 - 5$	$y = x^2 - a$	unten	gleich weit links und rechts der y-Achse	$\pm\sqrt{5}$ $\pm\sqrt{a}$	Algebraisch als rein quadratisch lösbar (Nr. 1–4)
2.	$y = x^2 + 6$	$y = x^2 + a$	oben	keine	imaginär	
3.	$y = x^2 \pm 6x + 9$	$y = x^2 \pm px + \frac{p^2}{4}$	links oder rechts	keine, tangiert	∓ 3 $\mp \frac{p}{2}$	
4.	$y = x^2 \pm 3x$	$y = x^2 \pm px$	unten und links oder rechts	im Nullpunkt und gleich weit links oder rechts	∓ 3 $\mp p$	
5.	$y = x^2 - 4x + 3$	$y = x^2 - px + q$ $\left(\frac{p^2}{4} > q\right)$	unten und rechts	beide rechts der y-Achse	1; 3 $\pm\sqrt{\left(\frac{p^2}{4} - q\right)} + \frac{p}{2}$	Algebraisch als gemischt quadratisch mittels Ergänzungen zu lösen. (Nr. 5–8)
6.	$y = x^2 + 3x + \frac{5}{4}$	$y = x^2 + px + q$ $\left(\frac{p^2}{4} > q\right)$	unten und links	beide links der y-Achse	$-\frac{1}{2}$; $-2\frac{1}{2}$; $\pm\sqrt{\left(\frac{p^2}{4} - q\right)} - \frac{p}{2}$	
7.	$y = x^2 + 2x - 15$	$y = x^2 + px - q$ $\left(\frac{p^2}{4} < q\right)$	unten und links	ungleich weit links und rechts der y-Achse	3; -5; $\pm\sqrt{\left(\frac{p^2}{4} + q\right)} - \frac{p}{2}$	
8.	$y = x^2 - 4x + 5$	$y = x^2 - px + q$ $\left(\frac{p^2}{4} < q\right)$	oben und rechts	keine	imaginär	

B.

Bei diesen 8 Beispielen lag der Scheitel der Lösungsparabel immer nicht im Nullpunkt. Nimmt man auch wieder 2 Funktionen in Benützung, so kann man x^2 für sich in der Normalparabel graphisch darstellen und den Rest in einer linearen Funktion durch eine Gerade, deren Schnittpunkte mit der Parabel 2 Abszissenwerte als Resultate bestimmen.

1.

a) Wenn man einen Bruch um $\frac{7}{12}$ vermehrt, so erscheint er reziprok. Wie hieß er anfänglich?

$$\text{I.}\quad x + \tfrac{7}{12} = \frac{1}{x}$$

$$\text{II.}\quad x^2 = 1 - \frac{7x}{12}$$

$$y = x^2$$

$$y = 1 - \frac{7x}{12}$$

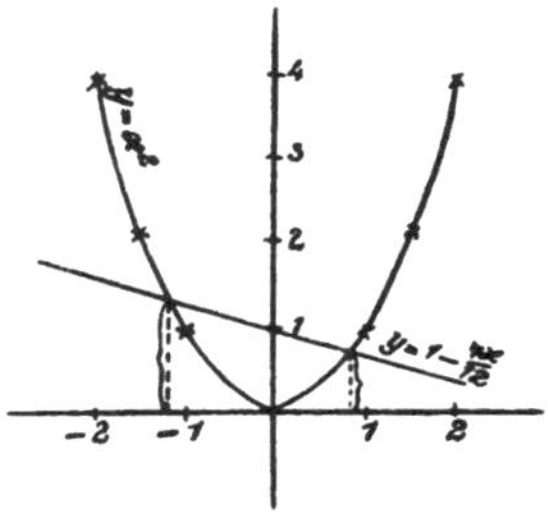

Fig. 51.

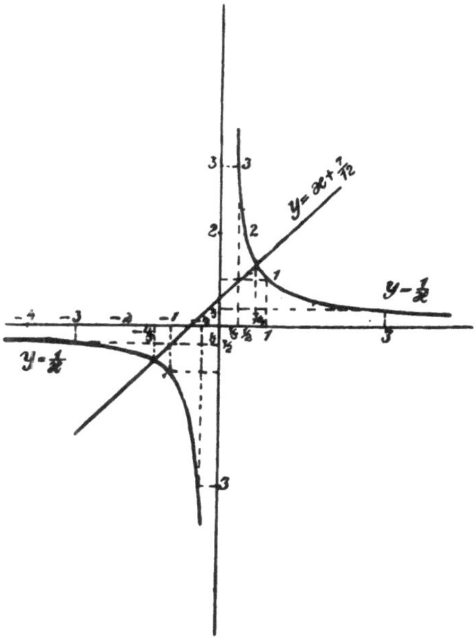

Fig. 52.

Die beiden Funktionen konstruiert ergeben $\frac{3}{4}$ oder $-\frac{4}{3}$ als Resultat.

b) Auch ließen sich $y = x + \frac{7}{12}$ und

$$y = \frac{1}{x}$$

je graphisch darstellen, wodurch das gleiche Ergebnis erreicht wird.

2.

Welche Zahl ist zusammen mit ihrem Quadrat gleich 12?

Es gilt hier die Gleichung: $x^2 + x = 12$, demnach $x^2 = 12 - x$

$$y = x^2 \text{ und}$$
$$y = 12 - x$$

graphisch dargestellt geben eine Parabel und Linie, der Schnitt beider die gewünschten Resultate 3 und -4 als Abszissenwerte.

3.

In welchem Verhältnis steigen 3 Glieder einer geometrischen Reihe, wenn das erste Glied $\frac{1}{3}$, die Summe aller 3 Glieder 7 ist?

Es ist hier

$$\frac{1}{3}+\frac{x}{3}+\frac{x^2}{3}=7$$

$$\frac{x^2}{3}+\frac{x}{3}-\frac{20}{3}=0.$$

$y=-\frac{x^2}{3}$ und $y=\frac{x}{3}-\frac{20}{3}$ geben durch die Schnittpunkte in den Abszissen 4 und -5. Diese Abszissen ändern sich nicht, wenn man die Größen der Gleichung mit 3 erweitert und darnach konstruiert $y=-x^2$ und $y=x-20$; die Ordinaten werden dreimal größer (in Fig. 54 punktiert gezeichnet).

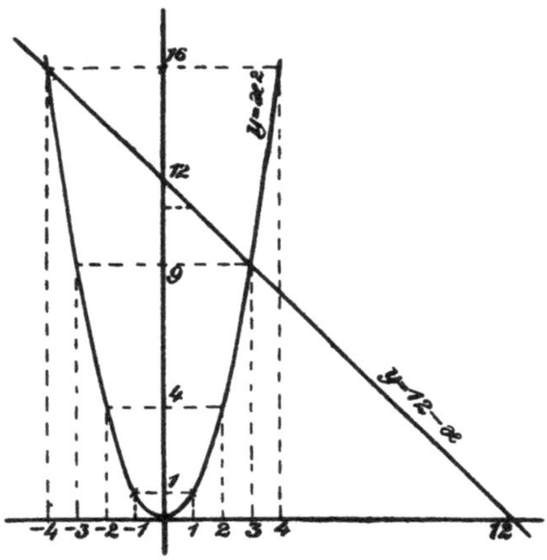

Fig. 53.

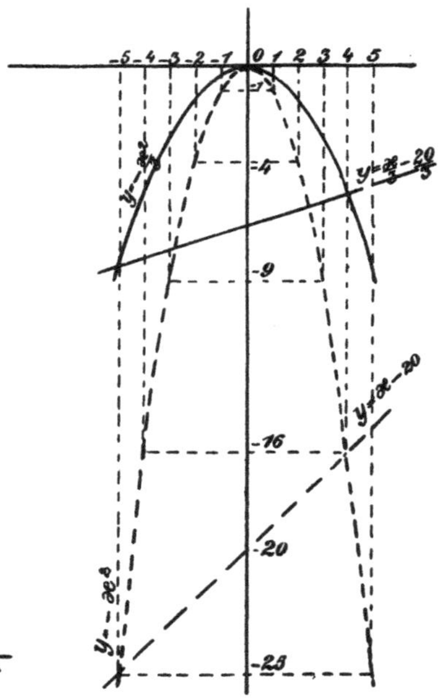

Fig. 54.

Wie gestaltet sich die graphische Lösung der 8 Beispiele unter A mittels zweier Funktionen? (Benützung der ausgeschnittenen quadratischen Parabel).

§ 9. Logarithmen.

In § 6—8 handelte es sich darum, Potenzwerte zu suchen, bei denen die Veränderliche x in der Basis enthalten ist: $y=x^n$, wobei n ganz oder gebrochen, positiv oder negativ, gerade oder ungerade war und daher die graphische Darstellung die verschiedensten Kurven ergab. Stets war die Ordinate die nte Potenz der zugehörigen Abszisse. Nun kann die Veränderliche x auch im Exponenten auftreten und wir erhalten die Exponentialfunktion $y = a^x$. Nehmen wir für den speziellen Fall $y = 2^x$ die Wertetabelle:

x	y	Punkt
— 3	$\frac{1}{8}$	A
— 2	$\frac{1}{4}$	B
— 1	$\frac{1}{2}$	C
0	1	D
1	2	E
2	4	F
3	8	G
4	16	H

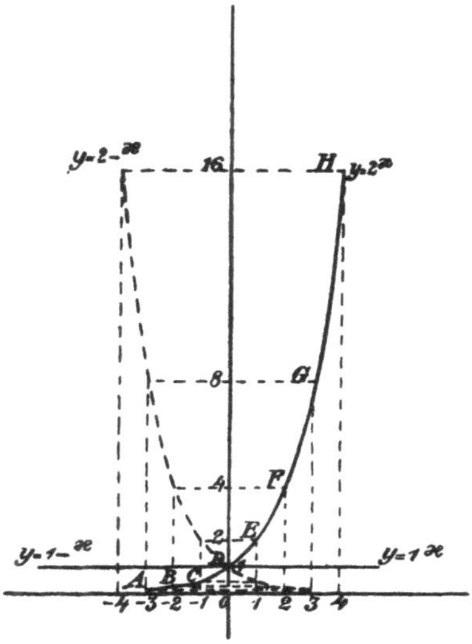

Fig. 55.

Die Exponentialkurve $y = 2^x$ verläuft im Quadranten I und II und berührt in der Unendlichkeit die x-Achse: negative y-Werte sind also ausgeschlossen. Ist x negativ, so stellt sich die Funktion $y = 2^{-x}$ in ähnlicher Konstruktion als reziprok dar: sie hat Punkt 1 der Ordinatenachse mit der ersten gemein, alle andern Punkte liegen entsprechend auf der entgegengesetzten Seite der y-Achse. Auch hier treten nur positive y-Werte auf.

$y = 1^x$ und $y = 1^{-x}$ liefern als Exponentialkurve die Parallele zur Abszissenachse durch 1 der y-Achse als Bestätigung des Satzes, daß jede Potenz von 1 wieder 1 ist.

Von andern Zahlenbasen beansprucht ein besonderes Interesse die Zahl 10.

x	y	
— 2	0,01	A
— 1	0,1	B
0	1	C
1	10	D
2	100	

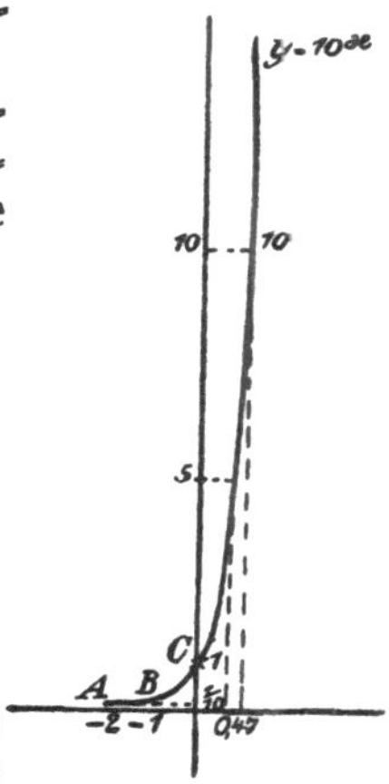

Fig. 56.

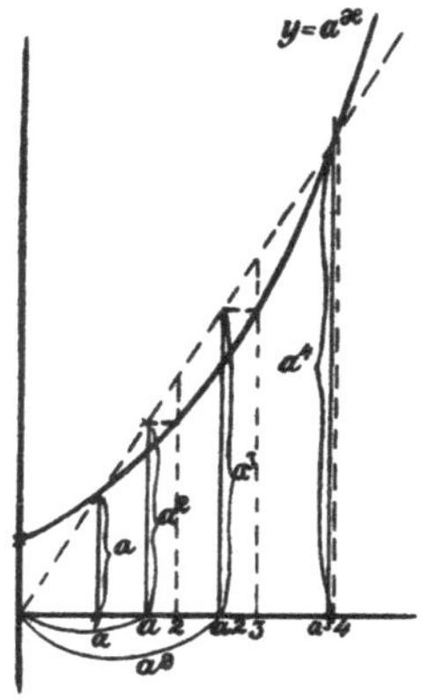

Fig. 57.

Wollen wir die Basis a nehmen, so können wir

mit Hilfe der geometrischen Multiplikation die Kurve $y = a^x$ finden. In Abszissenpunkt 1 ist die Ordinate a errichtet, deren Ende mit 0 verbunden den Strahl bestimmt; in der Entfernung a vom Nullpunkt liefert die Senkrechte bis zum Strahl a^2, das auf Punkt 2 der Abszisse verschoben wieder einen Punkt der Exponentialkurve gibt usf. — Alle diese Kurven besorgen das Geschäft des Potenzierens: jede Ordinate meldet die sovielte Potenz der gewählten Grundzahl, als die zugehörige Abszisse angibt. Wie wir früher an der quadratischen Parabel auch das Radizieren mit 2 oder an der Wurzelparabel das Potenzieren ablesen konnten, wenn wir den y-Wert voraussetzten und den x-Wert suchten, so auch hier: wir kommen damit zum Logarithmieren. In Fig. 58 gehört zur Ordinate 8 die Abszisse 3 d. i. der Logarithmus aus 8 für die Grundzahl 2; in Fig. 56 zur Ordinate 5 die Abszisse 0,47 d. i. der Logarithmus aus 5 für die Grundzahl 10.

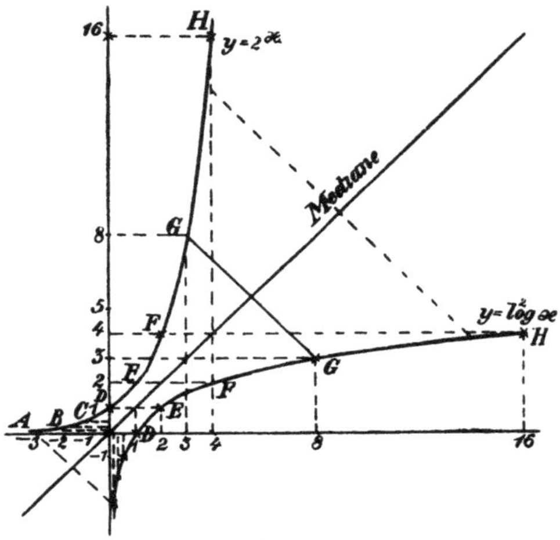

Fig. 58.

Um auch hier wieder die übliche Form zu wählen, in der x unabhängige und y abhängige Veränderliche ist, schreiben wir $y = \overset{a}{\log}\, x$, d. h. y gleich Logarithmus von x für die Grundzahl a, die logarithmische Funktion. Wählen wir für eine graphische Darstellung die Zweilogarithmen $y = \overset{2}{\log}\, x$, so erhalten wir

x	y	Punkt
1	0	D
2	1	E
4	2	F
8	3	G
16	4	H

(Probepotenz $2^y = x$!)

Die Logarithmuskurve für die Basis 2 liegt im Vergleich zur Exponentialkurve $y = 2^x$ symmetrisch zur Mediane in Quadrant I, wie alle Umkehrungen von Funktionen zeigen, und könnte also auch von jener aus durch Umklappen gefunden werden. Die Kurve ermöglicht ein Logarithmieren für die Grundzahl 2: jede Ordinate ist der Zweilogarithmus aus ihrer Abszisse.

In der Praxis werden bekanntlich nur die Zehnlogarithmen oder Briggsschen Logarithmen benützt. Suchen wir diese Kurve, so ist es wie in Fig. 56 schwierig, nahe beieinander gelegene Kurvenpunkte zu finden, da die Numeri zu ganzzahligen Logarithmen sehr schnell anwachsen. Behelfen wir uns mit Näherungswerten, die wir mit dem ans bekannten Mittel bestimmen können, so ist

$$10^{\frac{1}{4}} = \sqrt[4]{10} = 1,78\ \ldots$$
$$10^{\frac{1}{3}} = \sqrt[3]{10} = 2,15\ \ldots$$
$$10^{\frac{1}{2}} = \sqrt{10} = 3,16\ \ldots$$
$$10^{\frac{2}{3}} = \sqrt[3]{100} = 4,46\ \ldots$$
$$10^{\frac{3}{4}} = \sqrt[4]{1000} = 5,62\ \ldots$$
$$10^{1} = 10$$
$$10^{-\frac{1}{2}} = \sqrt{\tfrac{1}{10}} = 0,316.$$

Darnach gestaltet sich unsere Wertetabelle:

x	y	Punkt
0,1	-1	A
0,316	$-\frac{1}{2}$	B
1	0	C
1,78	$\frac{1}{4}$	D
2,15	$\frac{1}{3}$	E
3,16	$\frac{1}{2}$	F
4,46	$\frac{2}{3}$	G
5,62	$\frac{3}{4}$	H
10	1	J

(Probepotenz $10^y = x$!)

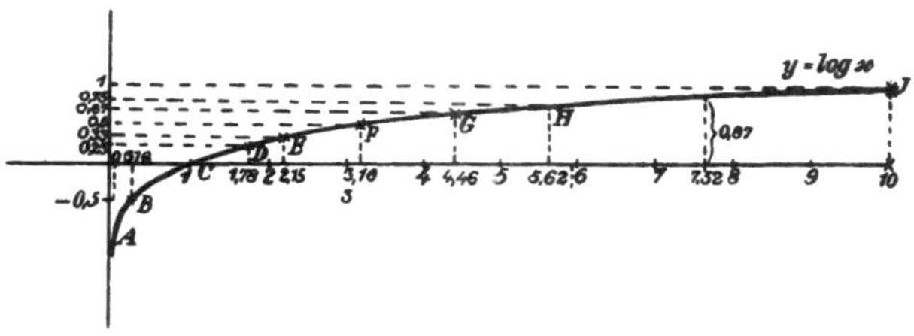

Fig. 59.

Die Logarithmuskurve $y = \log x$ ermöglicht in beschränkter Weise ein Ablesen der Logarithmen in den Ordinaten, deren Abszissen die Numeri darstellen.

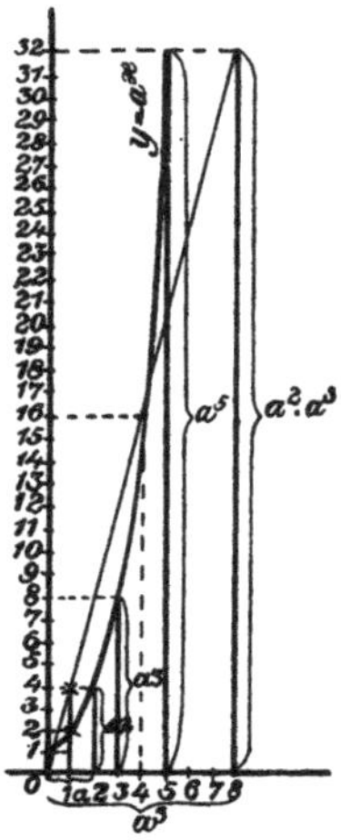

Fig. 60.

Auch durch die Exponential- und Logarithmuskurven lassen sich — wie an den Potenz- und Wurzelkurven — manche Sätze beweisen, wozu je 1 Beispiel.

a) $a^2 \cdot a^3 = a^5$.

Suchen wir an der Exponentialkurve $y = a^x$ die Ordinaten zu den Abszissen 2, 3 und 5 in a^2, a^3 und a^5, sowie das Produkt von $a^2 \cdot a^3$, so sehen wir, daß $a^2 \cdot a^3 = a^5$ ist.

b) $\log a\,b = \log a + \log b$.

Nehmen wir die Logarithmuskurve etwa $y = \overset{3}{\log}\, x$ und suchen zu den Abszissen a und b die Ordinaten $\overset{3}{\log}\, a$ und $\overset{3}{\log}\, b$ und ebenso zu dem gefundenen Produkt a b (= 27) als Abszisse die Ordinate $\overset{3}{\log}\,(a\,b) = \overset{3}{\log}\, 27$, so ist ersichtlich, daß $\overset{3}{\log}\,(a\,b)$ so groß ist als die Summe von $\overset{3}{\log}\, a + \overset{3}{\log}\, b$.

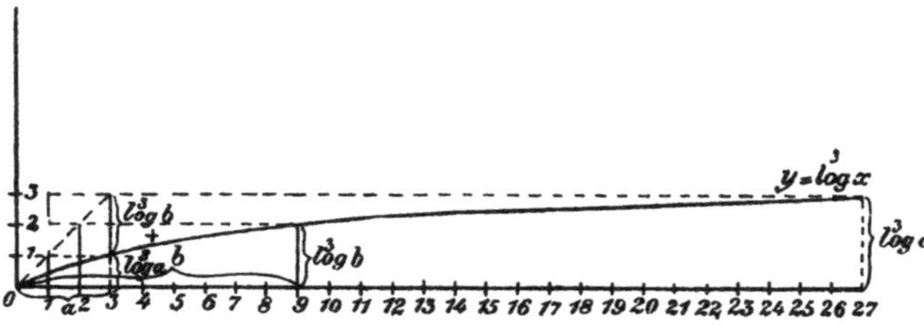

Fig. 61.

Damit hätten uns unsere Funktionen und graphischen Darstellungen zu sämtlichen 7 Rechnungsarten geführt; die dabei gefundenen Beziehungen sind in folgender Tabelle übersichtlich zusammengestellt.

Übersichtstabelle.

Name des Rechengeschäftes	Die Abszisse stellt dar	Die konstante Größe enthält	Die Ordinate liefert	Funktionsformel	Graphische Darstellung	
Addieren	Augend Auktor	Auktor Augend	Summe	$y = x + a$ $y = a + x$	Gerade Linie ausgehend von + a, Steigung 1 : 1	
Subtrahieren	Minuend Subtrahend	Subtrahend Minuend	Differenz	$y = x - a$ $y = a - x$	gerade Linie ausgehend von − a, steigend 1 : 1 gerade Linie ausgehend von + a, fallend 1 : 1	§ 1—5
Multiplizieren	Multiplikator Multiplikand	Multiplikand Multiplikator	Produkt	$y = ax$ oder $y = xa$	Ursprungsgerade steigend a : 1	
Dividieren	Dividend Divisor	Divisor Dividend	Quotient	$y = \frac{x}{a}$ $y = \frac{a}{x}$	Ursprungsgerade steigend 1 : a Hyperbel	
Potenzieren	Basis Exponent	Exponent Basis	Potenz	$y = x^a$ $y = a^x$	Kurven Exponentialkurve	§ 6—9
Radizieren	Radikand	Wurzelexponent	Wurzel	$y = \sqrt[a]{x}$	Kurven	
Logarithmieren	Logarithmand (Numerus)	Basis	Logarithmus	$y = {}^{a}\log x$	Logarithmuskurve	

§ 10. Arithmetische und geometrische Reihen.

a.

Stellen wir die lineare Funktion $y = dx + b$ (Fig. 62) graphisch dar und vergleichen die Ordinaten 1 2 3 4 usw. hinsichtlich ihrer Größe, so sehen wir, daß jede folgende um d größer ist als die vorhergehende: sie bilden eine steigende arithmetische Reihe, der Richtungsfaktor d (Steigungsverhältnis $d : 1$) wird zur Differenz. $y = -dx + b$ zeigt die Reihe fallend. Wir können die bekannten Sätze oder Formeln über arithmetische Reihen ablesen:

$$z\,(CD) = a + (n-1)\,d = 4 + 12 \cdot \tfrac{1}{2} = 10.$$
$$a\,(AB) = z - (n-1)\,d = 10 - 12 \cdot \tfrac{1}{2} = 4.$$

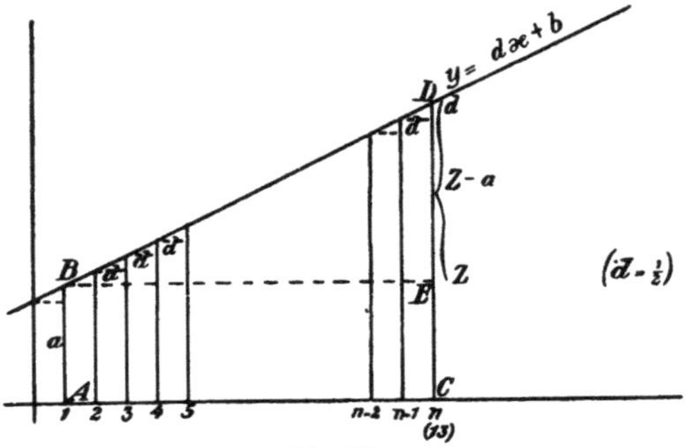

Fig. 62.

$$d = \frac{z - a\,(DE)}{n-1} = \tfrac{6}{12} = \tfrac{1}{2}.$$

$$n - 1 = \frac{z - a}{d} = 12; \text{ also } n = 13.$$

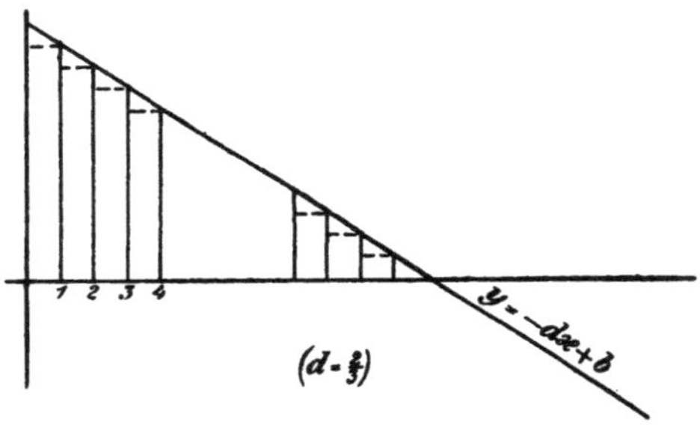

Fig. 63.

Soll die Formel für s, die Summe aller Glieder, gesucht werden, so zeigt Fig. 64, daß dazu gehört einmal n · a, dazu die (ausgezogene)

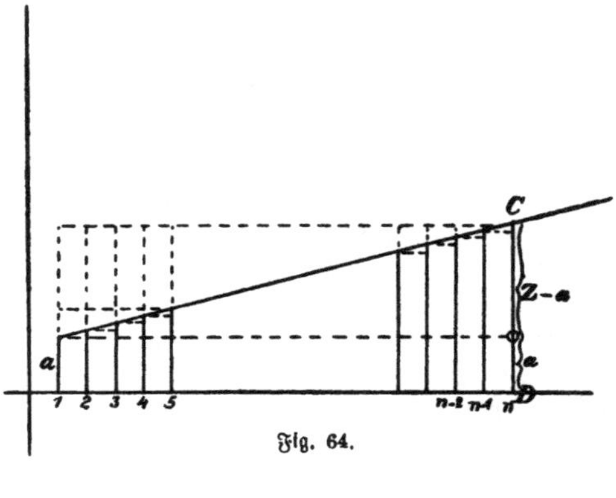

Fig. 64.

Hälfte von n (z — a), demnach $s = an + \frac{n}{2}(z - a) = \frac{n}{2}(2a + z - a)$
$= (a + z)\frac{n}{2}$.

b.

In Fig. 57 sind die Ordinaten der Exponentialkurve a, a^2, a^3, a^4 usf.; sie bilden eine geometrische Reihe, da jedes folgende Glied a mal größer ist als das vorhergehende. Wählen wir die übliche Bezeichnung, so nennen wir das erste Glied a, den Quotienten q und erhalten in Fig. 65 die Darstellung der Funktion $y = 3 \cdot 2^x$, wobei $q > 1$, die

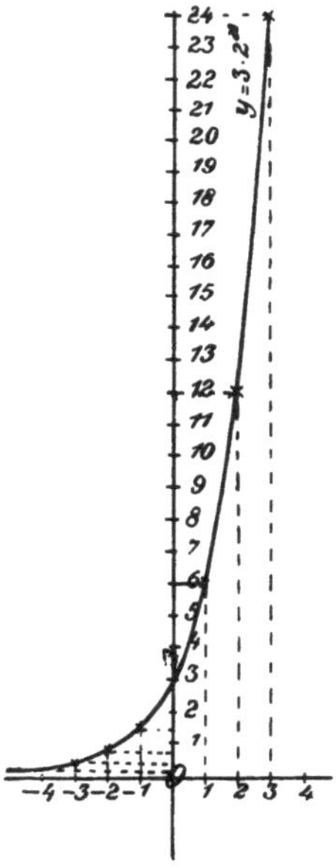

Fig. 65.

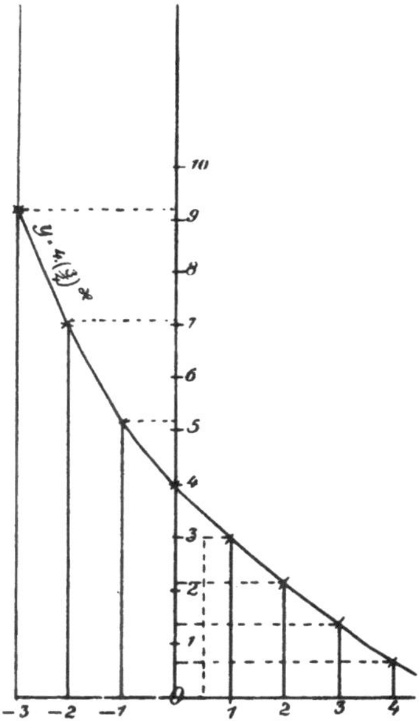

Fig. 66.

Reihe steigend ist. In der Funktion $y = 4 \cdot (\frac{3}{4})^x$ ist $q < 1$, die Reihe fällt. Ist q unendlich, so wird $y = 0$; $a q^\infty = 0$. Wenn x negativ ist, so wird der echte Bruch unecht, die Reihe steigend: $y = 4 \cdot (\frac{3}{4})^{-x}$, wie die vorige durch den negativen x-Wert zur fallenden Reihe wird.

§ 11. Diophantische Aufgaben.

Soll eine diophantische Gleichung ersten Grades mit 2 Unbekannten graphisch aufgelöst werden, so sucht man eine Linearfunktion für y und ihre graphische Darstellung: Die Koordinaten gewisser Punkte dieser Linie stellen die Resultate dar. Dabei sind für den Verlauf der Linie nach Fig. 67 vier Fälle denkbar:

$$\begin{aligned} \text{I.}\ y &= ax + b \\ \text{II.}\ y &= -ax + b \\ \text{III.}\ y &= ax - b \\ \text{IV.}\ y &= -ax - b \end{aligned}$$

(vgl. § 2, Aufgabe 3).

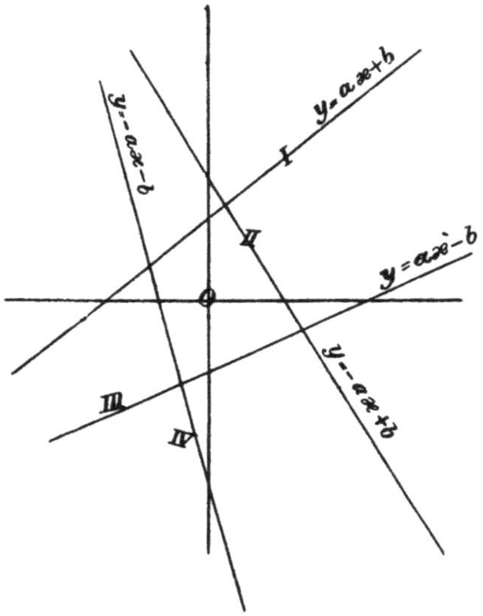

Fig. 67.

Da man gewöhnlich nur ganzzahlige Resultate (beide + oder beide —) in Betracht zieht, so liefert Gerade II eine endliche Anzahl positiver, Gerade IV eine endliche Anzahl negativer Werte, während Gerade I und III sich in den beiden Quadranten, von denen II und IV endliche Stücke (beide + oder beide —) abschneidet, ins Unendliche erstreckt und daher eine unendliche Anzahl von Lösungen ermöglicht.

I.

$$\text{I.}\ 4y - 3x = 8$$

$$\text{II.}\ y = \frac{3x}{4} + 2$$

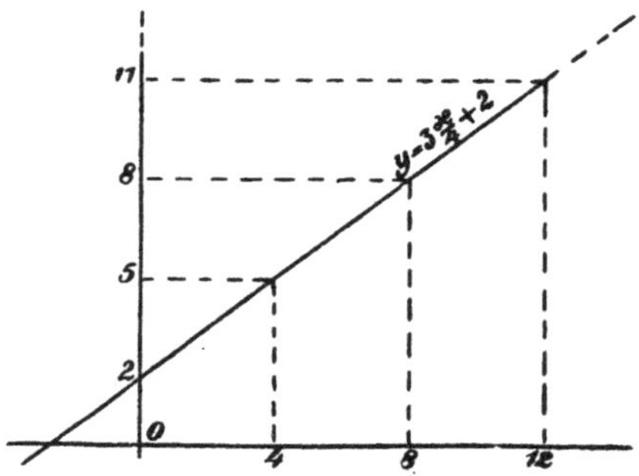

Fig. 68.

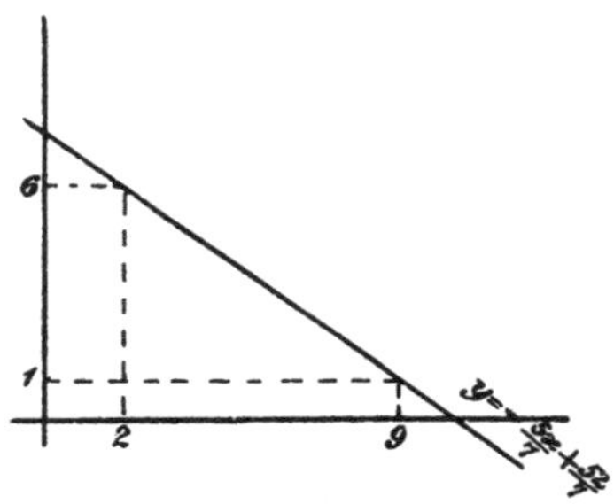

Fig. 69.

Die Gerade zeigt, daß y ganzzahlig 5, 8, 11 usw. sein kann, die dazu gehörigen x-Werte sind 4, 8, 12 ...

II.

$$\text{I. } 5x + 7y = 52$$

$$\text{II. } y = -\frac{5x}{7} + \frac{52}{7}$$

Unsere Funktionsgerade zeigt 2 y-Werte mit 6 und 1; x ist 2 und 9.

III.

$$\text{I. } 6x - 11y = 1$$

$$\text{II. } y = \frac{6x}{11} - \frac{1}{11}$$

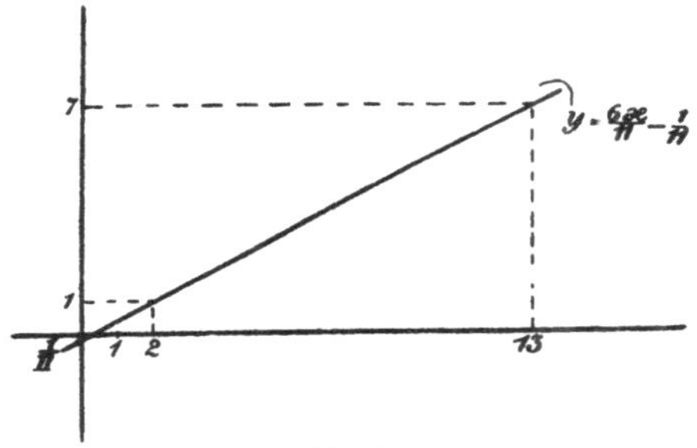

Fig. 70.

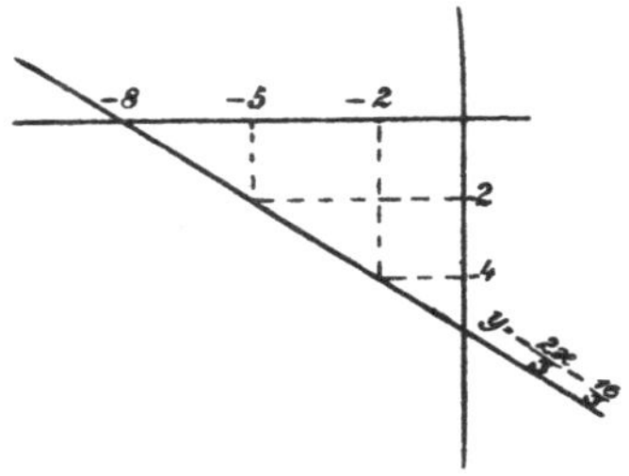

Fig. 71.

An ganzzahligen y-Werten sind abzulesen 1, 7, 13 usw., x demnach = 2, 13, 24 usf.

IV.

$$\text{I. } 3y + 2x = -16$$

$$\text{II. } y = -\frac{2x}{3} - \frac{16}{3}$$

An negativen Werten für y liefert die Gerade — 4, — 2, dazu 0. x ist also — 2, — 5, — 8.

§ 12. Arithmetik und figürliche Darstellung.

Im Sinn der graphischen Methode liegt es, daß man auch neben der Benützung des Koordinatensystems sich der bildlichen oder figürlichen Darstellung soviel als möglich bedient, wodurch eine innigere Verbindung zwischen Arithmetik einerseits und Geometrie und Zeichnen andererseits noch unterstützt wird. Eine Anzahl Beispiele möge das erläutern:

1. $\frac{2}{3} \cdot \frac{5}{7} = \frac{10}{21}$. Fig. 72 zeigt, daß ein Ganzes in 7 Teile geteilt wird und hievon 5 genommen werden; dann tritt eine Dreiteilung des Restes ein, 2 Teile davon geben das Resultat $\frac{10}{21}$.

2. $(4 \cdot 6) : 3 = 4 \cdot 2$. Regel über die Division eines Produkts.

3. $(4 \cdot 3) \cdot 2 = 8 \cdot 3$. Multiplikation eines Produkts.

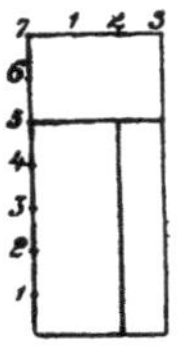

Fig. 72.

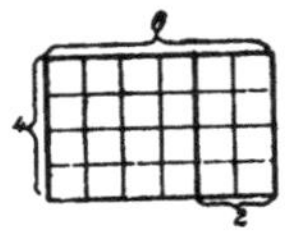

Fig. 73.

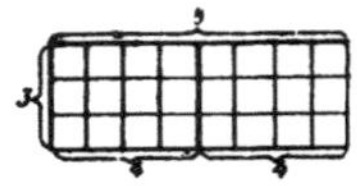

Fig. 74.

4. $5(4 + 3) = 5 \cdot 4 + 5 \cdot 3 = 5 \cdot 7$. Wie wird ein Aggregat multipliziert?

5. $(1 + 4)(5 + 3) = 1 \cdot 5 + 1 \cdot 3 + 4 \cdot 5 + 4 \cdot 3$. Aggregat $\times$ Aggregat.

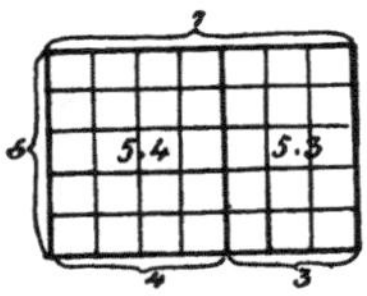

Fig. 75.

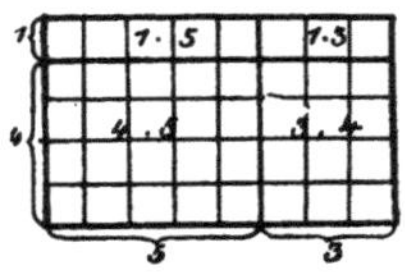

Fig. 76.

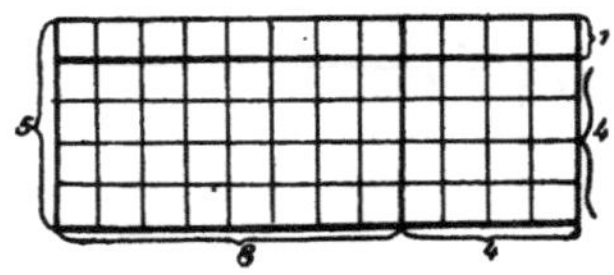

Fig. 77.

6. $4(8 + 4) + 1(8 + 4) = 5(8 + 4)$. Regel.

7. $(a + b)^2 = a^2 + 2ab + b^2$.

8. $(a - b)^2 = a^2 - 2ab + b^2$.

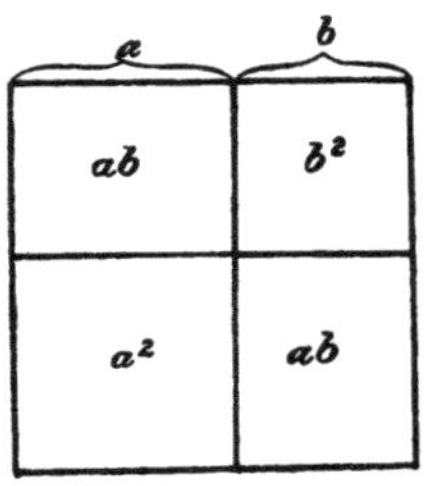

Fig. 78.

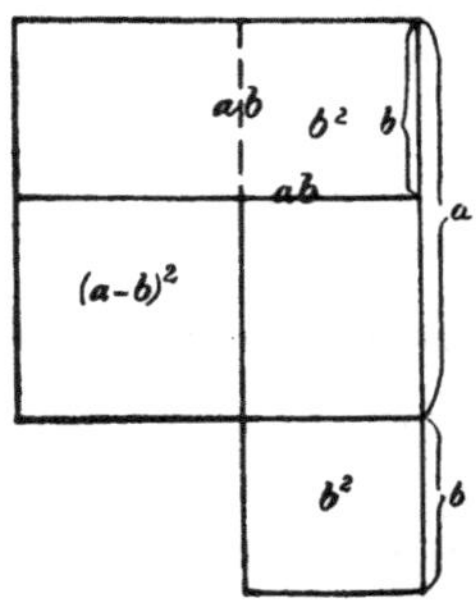

Fig. 79.

9. $(a + b)(a - b) = a^2 - b^2$.

10. $(a - b)^2 + \frac{4 \cdot ab}{2} = a^2 + b^2$ (zugleich Beweis des Pythagoras $c^2 = a^2 + b^2$).

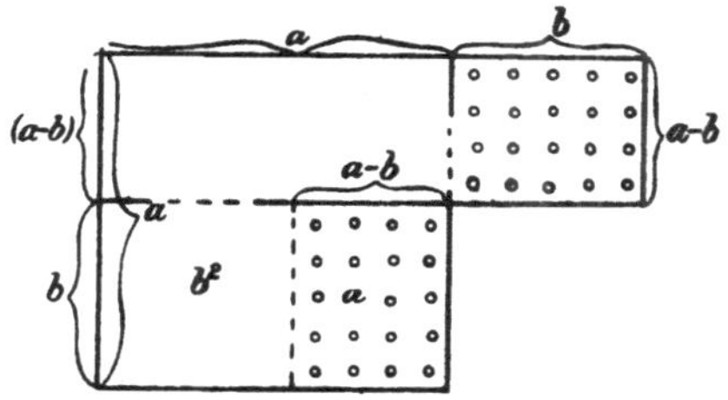

Fig. 80.

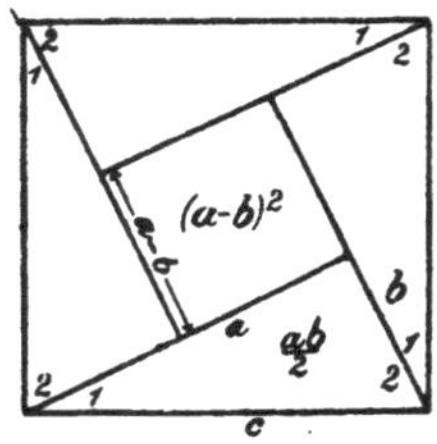

Fig. 81.

Zur Vorstellung der verschiedenen Maße.

(Für das Lehrerseminar in Backnang.)

Für Arbeitsleistungen.

1 mkg = 1 kg 1 m hoch zu heben.
1 Pferdekraft = HP = 75 mkg in 1 Sekunde.
1 Mann von 75 kg steigt in 2 Sekunden eine 2 m hohe Treppe hinauf.
Wasserkraft der Murr bei Backnang: 31—36 HP.

Für Lichtstärke.

1 Normalkerze (NK) = 2 cm dicke Paraffinkerze mit 5 cm hoher Flamme.
1 Hefnerkerze, Normallampe (HK) = 0,86 Normalkerzen.
1 gewöhnliche elektrische Glühlampe hat 16, 20 oder 25 Kerzen; die Lampen im Physiksaal 100 Kerzen.
1 Meterkerze = Helligkeit von 1 Hefnerkerze in 1 m Entfernung. Zum Lesen sind 10 Meterkerzen erforderlich.
Wellenlänge von rot = $^3/_4$ Mikron, von violett = $^3/_8$ Mikron.
(1 Mikron = $^1/_{1000}$ mm).

Für Wärmemengen.

1 Calorie = 1 Wärmeeinheit = Wärmemenge, um 1 kg Wasser um 1° C zu erhöhen.
Um 1 kg Eis zu schmelzen, sind 80 Cal nötig;
um 1 kg Wasser zu verdampfen, bedarf es 536 Cal.
1 kg Holz liefert beim Verbrennen 3000 Cal, 1 kg Steinkohlen 7500 Cal, 1 Cal = 424 mkg.
Mittlere Jahrestemperatur von Backnang 1907: $7\frac{1}{2}$° C; 1908: $8^1/_2$° C.

Für Druck der Luft, des Dampfes.

1 Atmosphäre = 1 qcm mit 1,033 kg = Quecksilbersäule von 76 cm Höhe = Wassersäule von 10 m Höhe;
größerer Luft(Dampf-)Druck mit Anzahl der Atmosphären; z. B. Dampfmaschine mit 6—8 oder 10 Atmosphären Druck; unser Sauerstoff hat anfangs 100 Atmosphären.
Verminderter Luftdruck mit Barometerstand; z. B. St. Gotthard 567 mm, in Geißlerröhren 1—3 mm.

Für Elektrizität.

Stromstärke: Ampère; 1 Ampère erzeugt in 1 Minute 10,44 ccm Knallgas.
Widerstand: Ohm; 1 Ohm = Widerstand eines Quecksilberfadens von 106,3 cm Länge und 1 qmm Querschnitt bei 0° C.
Spannung: Volt; 1 Volt = Strom, der bei 1 Ohm Widerstand 1 Ampère Stärke hat.
1 16kerzige Glühlampe = 100 Volt Spannung, 1/2 Ampère Stärke und 200 Ohm Widerstand.
Verbrauch: 50 Watt (1 Watt = 1 Volt-Ampère); Hektowatt-Kilowattstunde 6—8 ₰, 60—80 ₰.

Für Geschwindigkeiten.

Fußgänger 1,7 m/sec, Personenzug 25 km/std = 7 m/sec, Schnellzug bis 86 km/std, Zeppelin 60 km/std, Äquatorpunkt 463 m/sec, Schall 330 m/sec, Licht 300000 km/sec, Murr am Badeplatz 10 m/min.

Für Steigungen, Gefälle.

Am Haupttor 1%, am botanischen Garten 3 1/2 %; Aspacher Straße entlang dem Küchenbau 4,2%; Gefäll der Murr im Durchschnitt 4,89 %.

Für Meereshöhe.

Über NN. (Normalnull): am Haupttor 267,10 m, am Hauptportal 271,2 m, am Brunnen auf dem Turnplatz 274,2 m; Ende des Turnplatzes 275 m, am Zaun 280 m. (Hauptturm des Seminars 40 m hoch.)

Für Entfernungen.

Von Backnang nach Stuttgart 32 km, Hall 50 km, Metz 300 km, Paris 700 km, London 1000 km. Länge der Murr 54,37 km.

Für Regenmengen.

Niederschlagshöhe im Murrgebiet (1896—1906) 880 mm.

	Längenmaße	Flächenmaße	Körpermaße	Flüssigkeitsmaße	Gewichte
	Eine geogr. Meile = 7500 m; eine Seemeile = 1852 m	Morgen = $1/3$ ha		Murr durchschnittlich in der Sekunde 2 cbm Wasser = 2000 l	1000 kg = 1 Tonne t 1 Doppelz. = 100 kg großer Sack Kartoffel
Stufenfolge	1 : 10	1 : 100	1 : 1000	1 : 10	1 : 10
kilo = tausend	Kilometer km Weg vom Seminar zum Bahnhof	Quadratkilometer, qkm etwa Stadt Backnang	Kubikkilometer cbkm Erde = 1083 Milliarden cbkm	Kiloliter etwa 3 Eimer	Kilogramm kg (2 Pfund) 2 Pfund = Brotlaib
hekto = hundert	Hektometer Hektometersteine an der Str. Länge d. Seminars	Quadrathektometer, Hektar ha 2mal Turnplatz	Kubikhektometer Kubus mit Seminarlänge	Hektoliter hl etwa $1/3$ Eimer Waschkessel	Hektogramm 2 Eier
deka = zehn	Dekameter Länge des Physiksaals bis zum Experimentiertisch	Quadratdekameter, Ar a Zuhörerraum im Festsaal	Kubikdekameter Flaigsches Haus	Dekaliter Wassereimer	Dekagramm 1 Zweimarkstück
Grundmaß	Meter m Meterstab, Brust und Armlänge zusammen	Quadratmeter qm halbe Zimmertüre	Kubikmeter cbm 1 Raummeter Holz 1 Festmeter Holz	Liter l = 2 Schoppen	Gramm g 1 Pfennigstück = 2 g
deci = Zehntel	Dezimeter dm Handbreite	Quadratdezimeter qdm Handinnenfläche	Kubikdezimeter cdm 1 l Wasser	Deziliter = 100 ccm kleines Weinglas 2 Eier, vgl. $4/10$ l	Dezigramm 1 Streichholz
centi = Hundertstel	Zentimeter cm halbe Daumenbreite	Quadratzentimeter qcm Fingernagel	Kubikzentimeter ccm Spielwürfel, Fingerhut Haselnuß	Zentiliter = 10 ccm kleines Likörgläschen	Zentigramm 1 Schrotkorn bei unserer Wage = 2 Zentigramm
milli = Tausendstel	Millimeter mm Nageldicke, Stricknadelbreite	Quadratmillimeter qmm Stricknadelquerschnitt	Kubikmillimeter cmm kleiner Stecknadelkopf	Milliliter = 1 ccm Fingerhut	Milligramm mg Wassertröpfchen 1 Dyn = $1/981$ g

Bei Fragen zur Produktsicherheit wenden Sie sich bitte an:
If you have any questions regarding product safety,
please contact:

Walter de Gruyter GmbH
Genthiner Straße 13
10785 Berlin
productsafety@degruyterbrill.com